EL ORIGEN DEL SISTEMA SOLAR

Agradecimientos

SEDIN (Servicio Evangélico de Documentación e Información) desea manifestar su profundo agradecimiento a las siguientes entidades y personas que han hecho posible la presentación en castellano de esta serie *Creación y Ciencia,* facilitándonos los permisos para la publicación del material que aquí presentamos:

INSTITUTE FOR CREATION RESEARCH, de San Diego, California, dirigido por los Dres. Henry M. Morris y Duane T. Gish.

CREATION RESEARCH SOCIETY, de Ann Arbor, Michigan, y el Managing Editor, Dr. John N. Moore.

BIBLE-SCIENCE ASSOCIATION, de Minneapolis, Minnessota, dirigida por el Rev. Walter Lang.

Dr. JOHN C. WHITCOMB, Profesor de Antiguo Testamento en el Grace Theological Seminary de Winona Lake, Indiana, y a la Presbyterian & Reformed Pub. Co.

Mr. R. G. ELMENDORF, ingeniero de Bairdford, Pennsylvania.

SPIRITUAL COUNTERFEIT PROJECT y la *BERKELEY CHRISTIAN COALITION* de Berkeley, California.

También deseamos agradecer a la Editorial CLIE, de Terrassa, el gran interés con que ha asumido la publicación de esta serie para su lanzamiento al público hispanoamericano.

SEDIN

Apartado 2002
SABADELL (Barcelona)
España

John C. Whitcomb Jr.

EL ORIGEN DEL SISTEMA SOLAR

CLIE
LIBROS CREACION Y CIENCIA

Libros CLIE
Dr. Moragas y Barret, 115
TERRASSA

EL ORIGEN DEL SISTEMA SOLAR

Versión castellana de Santiago Escuain

Depósito Legal: B. 29.588 - 1980
ISBN 84 - 7228 - 547 - 2

Impreso en los Talleres Gráficos de la M. C. E. Horeb, A. C. n.° 265. - Dr. Moragas y Barret, 113. - TERRASSA

Printed in Spain

Indice

Introducción

Este libro que tiene usted en sus manos es un examen crítico-científico del estado en que se halla la disciplina de que trata en relación con las teorías sobre los orígenes de la Tierra, del Universo y de la vida.

La cultura actual está dominada y encauzada por la ideología evolucionista. Según esta ideología, no existe ningún Relojero, ningún Creador que haya creado el Universo, ni que pueda intervenir en él. El evolucionismo pretende haber *demostrado científicamente* la realidad de estas afirmaciones, y los que defienden esta ideología están conduciendo la cultura actual hacia un énfasis en la pretendida evolución de la Humanidad, directora —dicen— de sus propios destinos en un Universo aparecido sin propósito, sin significado y sin destino.

Este enfoque cultural e ideológico lleva, pues, a dos consecuencias, ambas corrosivas de la visión Bíblica de Dios, de Su creación, y de los valores últimos.

A) El evolucionismo nos despersonaliza, inculcándonos la idea de que nuestra existencia es fortuita, sin propósito, sin origen ni destino. Esto lleva a la aceptación pasiva de la despersonalización y de la regimentación, como cosa totalmente lógica. Ello es consecuencia lógica de intentar eliminar al Creador de Su Universo.

El intento de «liberar» al hombre de su Dios desemboca consecuentemente en la deshumanización del hombre, y en la más baja de las esclavitudes: la de enfrentarse a una pretendida «nada» con tal de huir de la presencia de nuestro Dios. Todo ello estaría muy en su sitio si esta ideología fuera cierta, y estuviese comprobada «científicamente», tal como su propaganda lo pretende.

B) En vista del admirable orden y propósito que se hace patente en el estudio del Universo y de todo lo que éste contiene, los que rechazan al Dios trascendente y Creador y Su Revelación, pero que se ven en la necesidad de aceptar, maravillados, la sublimidad de la Creación, no tienen otra alternativa que la de atribuir la eternidad, el poder y la deidad que se manifiestan en el orden de la Creación a la misma Creación. Así es como surge el Panteísmo y su consecuencia última, el Monismo —el intento más sistemático y consistente de explicar las cualidades sobrenaturales del Universo aparte de su Creador trascendente y personal (cf. Romanos 1:18-32).

La serie a la que este libro pertenece desafía a las pretensiones evolucionistas de haber demostrado científicamente el «hecho» de la evolución de la vida y sus consecuencias. Tal pretensión es falsa. No solamente no es cierto el que hayan demostrado que la vida se haya autogenerado y evolucionado de niveles más bajos a niveles más y más elevados, sino que además es científicamente *imposible*. Invitamos al sorprendido lector a sopesar cuidadosamente nuestra exposición del caso, y a decidir honestamente por sí mismo.

A la objeción que alguien podría presentar de que «Dios habría podido utilizar la evolución como método de Creación», daremos una respuesta breve: No se trata del *poder* de Dios tanto como del *carácter moral* de Dios. Y de lo que Dios nos ha revelado, tanto acerca de Su carácter como de la manera en que creó. Dios *no* utilizó éste método. Por lo menos *no el Dios de la Biblia.* Según la Biblia, *la muerte entró en el mundo después del pecado del hombre,* cabeza federal de la Creación. La objeción de que este relato es alegórico implica el haber prejuzgado la cuestión precisamente objeto de debate, dando por sentado que el relato no es históricamente cierto, lo que no procede. Además, es imponer un sacerdocio, el de la ciencia, entre el creyente y Dios y Su Palabra, con el fin de interpretar la Revelación en base de este sacerdocio intermedio, lo que es totalmente improcedente. Con respecto al carácter moral de Dios, está contra todo lo que la Biblia nos enseña sobre El el suponer que El creara por medio de ensayos, de prueba y error, por medio de la eliminación de los débiles por parte de los fuertes, de la lucha competitiva, hasta llegar por estos medios al Hombre. Esto haría de Dios el autor de la lucha, del egoísmo, de la brutalidad —¡como medios dispuestos por Dios para hacer avanzar Su creación por un camino de progreso evolutivo!—. De nuevo, volviendo a la Biblia, vemos que toda esta crueldad y rapiña que hallamos a nuestro alrededor son *consecuencias* del pecado cometido en el seno de una creación buena y perfecta, la cual cayó sometida a vanidad al caer Adán y Eva en rebeldía contra el Creador, cayendo de una posición de inocencia y dependencia en que estaban a una posición de pecado y sus consecuencias. Dios creó un mundo en paz, un mundo dichoso. Fue la rebelión contra Dios lo que introdujo el caos, la penuria y la lucha por la existencia y la rapiña donde antes reinaba la armonía.

Más de 100 años de propaganda «intelectual» evolucionista ha puesto a grandes sectores de la Cristiandad a la defensiva, los cuales se han apresurado a «armonizar» Génesis, capítulos 1-11, con los «hallazgos de la ciencia», hipotecando gravemente su testimonio y su visión de la naturaleza de Dios, del Hombre y de toda la Revelación en general. Pero se han apresurado demasiado en sus deseos de lograr las alabanzas del mundo, pues el evolucionismo *no es una conclusión científica,* como falsamente afirman la inmensa mayoría de sus propagandistas, *sino una premisa filosófica materialista* sobre la que los no creyentes, científicos o no, *tienen* que construir una visión del mundo atea o panteísta, mezclando hábilmente los ingredientes filosóficos con datos científicos seleccionados, y apartando otros muchos datos científicos que no convienen. En palabras de Carl F. von Weizsäcker, físico y astrónomo materialista:

> «No es por sus conclusiones, sino por su punto de partida metodológico por lo que la ciencia moderna excluye la creación directa. Nuestra metodología no sería honesta si negase este hecho. No poseemos pruebas positivas del origen inorgánico de la vida ni de la primitiva ascendencia del hombre, tal vez ni siquiera de la evolución misma, si queremos ser pedantes.»
>
> *La Importancia de la Ciencia,* Ed. Labor, Nueva Colección Labor, n.º 27, p. 125 (Barcelona, 1972).

No es, pues, que la evidencia de que el evolucionismo sea absurdo y anticientífico sea flaca. En todos los campos (paleontología, Geología, Biología, etc.), se puede ver con toda facilidad que no goza de ningún apoyo científico. Y la termodinámica y la fisicoquímica le asestan un golpe definitivo. La verdadera dificultad ante la que la mayor parte de las personas se estrellan es que el abandono del evolucionismo implicaría la aceptación total del Creador y... esto es lo último que se quiere hacer. Porque aceptar al Creador implicaría aceptar que el Creador ha hablado, implicaría aceptar Su Revelación y el lugar que nos corresponde como criaturas de Su mano. Y esto en realidad ya no es un problema científico, sino que es un problema *muy personal,* llamado orgullo humanista, o soberbia: justamente la verdadera causa de nuestro alejamiento de Dios, la actitud en que cayó Adán en su acción de desobediencia, y que nosotros recibimos.

TODAS las posturas sobre los orígenes tienen tremendos efectos personales... excepto en las personas que afectan ante estos asuntos una indiferencia improcedente y voluntariosa. En este sentido no existe la pretendida «objetividad» científica. Por el contrario, la intensa importancia del tema debería llevarnos a examinar con todo interés: «¿Qué hay de cierto en las pretensiones evolucionistas?» «¿Ha hablado Dios y se ha manifestado Dios a los hombres?» «Si es así: ¿qué ha dicho y qué ha hecho?»

En esta serie se demuestra desde el criterio científico la insostenibilidad de la postura evolucionista. Las consecuencias, consistentes en que la realidad es que el Creador trascendente nos a creado son tremendas, y aquí solamente se pueden bosquejar:

— Dios no sólo ha creado al hombre y al mundo en el que él habita. Dios también ha hablado, y Su palabra a sido recogida en los 66 libros que forman la Biblia.

— La Biblia nos da la explicación no solamente de la grandeza del hombre, sino también de su depravación y responsabilidad moral. El hombre está caído en pecado ante un Dios Justo y Santo, como resultado de la caída primera de Adán y Eva en el tiempo y en el espacio.

— Pero está escrito en la Biblia que

> «de tal manera amó Dios al mundo, que ha dado a su Hijo unigénito, para que todo aquel que en él cree, no se pierda, mas tenga vida eterna».
>
> (Evangelio según San Juan, capítulo 3, versículo 16.)

— Dios tiene un propósito en Su creación. Una creación en la cual, caída ella, El interviene en Redención y en Juicio. Cuál será tu porción?

Prólogo

Si hemos de juzgar por la cantidad de las recientes controversias en los círculos evangélicos en relación con la total implicación de que la Biblia sea divinamente y verbalmente inspirada, y por lo tanto inerrante en los originales, parece bien poco probable que los cristianos que sostienen esta enseñanza tan importante de las Escrituras vayan a entrar en un período de paz y de tranquilidad y aceptación incluso dentro de la misma Cristiandad. Por ejemplo, se ha declarado recientemente que ya ni es posible mantener la posibilidad de una revelación verbal inerrante «como resultado de estudios en el campo de la Lingüística».[1] Otros pretenden que la Biblia contiene errores históricos que pueden ser explicados en base de citas inspiradas —y, por lo tanto, exactas— de fuentes no inspiradas, y por consiguiente erróneas.[2] Después de esto viene la sugerencia de que la inspiración verbal se extiende solamente a los asuntos «básicos» que Dios se propuso transmitir al hombre, sin extenderse a los asuntos meramente «periféricos».[3] También se nos dice que debemos conseguir un verdadero conocimiento de la naturaleza de la inspiración de la Biblia por medio de un estudio inductivo de los fenómenos reales que las Escrituras exhíben en lugar de partir de deducción tomando como base los textos bíblicos que testifican de la inspiración.[4] Así, se induce a muchos cristianos evangélicos a creer que la inspiración verbal es tan sólo una teoría humana sobre la Biblia, y que por tanto no es esencial al verdadero Cristianismo, ni legítima como pauta y prueba de ortodoxia.[5]

El hecho de que tales puntos de vista hayan sido publicados recientemente por eruditos que pretenden ser Cristianos evangélicos debería inquietar profundamente a aquellos que aceptan por fe el testimonio de la Biblia en cuanto a su propia inerrancia verbal (Cf. Prov. 30:5-6; II Tim. 3:16; II Pedro 1:19-21; Juan 10:34; Mat. 5:18). No obstante, no es nuestro propósito el tratar de los puntos de vista antes mencionados, pues creemos que ya han sido adecuadamente refutados por teólogos evangélicos competentes.[6] En lugar de ello, desearíamos examinar otra teoría que ha obtenido gran aceptación entre los Cristianos evangélicos y que tiende a minar la doctrina bíblica de inspiración verbal. A falta de un término mejor, hemos escogido denominarla «Teoría de la doble revelación». En las siguientes páginas presentaremos algunas recientes expresiones de este punto de vista, expondremos algunas de sus falsedades básicas, y a continuación presentaremos nuestras conclusiones con respecto a este punto de vista, a la luz de la doctrina bíblica de la inspiración verbal.

1

La teoría de la doble revelación

Presentándola brevemente, esta teoría mantiene que Dios ha dado al hombre dos revelaciones de la verdad, cada una de las cuales tiene completa autoridad en su propio tereno: la revelación de Dios en las Escrituras y la revelación de Dios en la Naturaleza. A pesar de que estas dos revelaciones difieren grandemente en su carácter y extensión, no se pueden contradecir la una a la otra, ya que están dadas por el mismo Dios, coherente en Su verdad. Según esta teoría, pues, Dios ha puesto al teólogo como intérprete de las Escrituras, y al Científico como intérprete de la Naturaleza, y cada uno tiene útiles especializados para determinar el verdadero significado del libro de la particular revelación que es llamado a estudiar. La teoría de la doble revelación mantiene asimismo que siempre que haya un conflicto aparente entre las conclusiones del científico y las conclusiones del teólogo, especialmente en lo que concierne a problemas como el origen del universo, del sistema solar, de la tierra, de la vida animal y del hombre; de los efectos de la maldición Edénica; y de la magnitud de los efectos del diluvio del Génesis, el teólogo debe repensar su interpretación de las Escrituras en estos puntos, de tal manera que puedan quedar en armonía con el consenso general de la opinión científica, ya que afirman que la Biblia no es un texto de Ciencia, y que estos problemas penetran en un dominio en el que sólo la Ciencia debe darnos las respuestas detalladas y autorizadas.

La Teoría de la doble revelación sostiene que esto debe ser así necesariamente, ya que si a causa de una interpretación gramático-histórica del relato bíblico de la Creación, de la maldición Edénica, del Diluvio, y de la Torre de Babel, el estudiante de la Biblia fuera guiado a adoptar conclusiones que fueran contrarias a los puntos de vista prevalecientes entre los científicos capaces en cuanto al origen y naturaleza del Universo material, se haría culpable de hacer a Dios un engañador de la humanidad en estos asuntos de tan vital importancia. Pero el Dios de la Verdad no puede mentir. Por lo tanto, el Génesis debe ser interpretado de tal manera que quede armonizado con los puntos de vista generalmente aceptados por la ciencia moderna. Después de todo, dicen los que sostienen la teoría, el Génesis fue escrito primariamente para darnos respuesta a la pregunta de ¿quién? y ¿por qué?, mientras que la ciencia moderna nos debe contestar las importantes preguntas de ¿cuándo? y ¿cómo?

2

Falsedades básicas de la teoría

I. *La teoría de la doble revelación subestima las limitaciones del Método Científico.*

En primer lugar, la teoría de la doble revelación falla al no otorgar el debido reconocimiento a las tremendas limitaciones que detienen al método científico cuando se aplica al estudio de los orígenes. Por la misma naturaleza del caso, el método científico (que analiza las leyes de la naturaleza en sucesos repetibles) es incapaz de manejar lo milagroso y lo sobrenatural, el origen y lo absolutamente único, lo espiritual e invisible. El método científico supone, sin probarlo, que la uniformidad como ley de la naturaleza tiene una validez universal y eterna, al extrapolar procesos del presente a un pasado y a un futuro insondables, ignorando también el posible prejuicio antiteísta del mismo científico al manejar los «hechos» de la naturaleza para inducir una cosmología (teoría que trata de la estructura básica y del carácter del universo) y una cosmogonía (teoría concerniente al origen del universo y de sus componentes). En aquella extensión en que esta teoría de la doble revelación fracase en dar un reconocimiento cuidadoso y honrado a estas limitaciones esenciales del método científico, también fracasará en dar una imagen verdadera no distorsionada de la realidad como totalidad, y también fracasará en dirigir a los hombres a la verdadera fuente para comprender los misterios de esta realidad que nos envuelve.

II. *La teoría de la doble revelación subestima los fracasos de todas las teorías naturalistas de Cosmogonía.*

En segundo lugar, la teoría de la doble revelación pasa por alto los insuperables problemas científicos que continúan plagando todas las teorías naturalistas y evolucionistas en cuanto al *origen* del universo material y de los seres vivientes. Muchos cristianos están familiarizados con los obstáculos científicos que la teoría de la evolución orgánica global no ha podido superar, como la transición de la no-vida a la vida; el efecto debilitador y hasta letal de la abrumadora mayoría de las mutaciones; las discontinuidades regulares, sistemáticas y tajantes, entre cada grupo animal y vegetal en el registro fósil, y la clara evidencia de catástrofes globales, en lugar de procesos generalmente uniformes, en la formación de los estratos fósiles.[8]

Pero los cristianos posiblemente no estén suficientemente familiarizados con las insuperables dificultades que continúan acosando a los cosmogonistas que insisten en explicar el origen del sistema solar en términos de procesos naturalistas. La famosa hipótesis nebular de Immanuel Kant (1775) y Pierre Simon de Laplace (1796) suponía un disco de gas muy caliente poseído de un movimiento rotatorio, del cual se formaron los planetas cuando se separaron unos anillos de gas debido a que la fuerza centrífuga los desprendió del principal cuerpo del sol durante la etapa más temprana de su contracción. Pero esta teoría fue abandonada al final del siglo XIX, cuando quedó comprobado que estos anillos gaseosos no hubieran podido condensarse nunca a planetas y que no hubieran podido retener el 98 % del momento angular del sistema solar (que es precisamente lo que sucede con los planetas principales). Pero las varias teorías *planetesimales* o *de encuentros,* que postulaban el acercamiento de otra estrella a nuestro sol, resultando ello en erupciones de fragmentos planetarios (Chamberlin y Noulton, 1905); o la extracción de un filamento de gas en forma de huso que se rompió en masas separadas, dando lugar a los planetas (Sir James Jeans); o la colisión real de nuestro sol con una estrella, que resultó en la formación de planetas (Harold Jeffreys, 1929); o la colisión de una estrella con otra estrella originalmente acompañante de nuestro sol, provocando la proyección de una cinta de material entre ellas (R.A. Lyttleton, 1936), fueron todas ellas descartadas como explicaciones completamente inadecuadas en cuanto al sistema solar ya por el año 1940.[9]

A partir de 1944, Von Weizsäcker, Whipple, Spitzer, Urey, Gamow, Hoyle y otros, han intentado evitar las dificultades de las teorías planetesimales retornando a una forma de hipótesis nebular en la cual el sol y sus planetas se condensaron a partir de torbellinos de nubes oscuras de gases y polvo interestelar frío. El lector mismo podrá juzgar el éxito que haya tenido esta teoría, hoy tan popular, en explicar el sistema solar y su origen por medio de principios únicamente físicos, químicos y matemáticos, después de considerar cuidadosamente algunos de los problemas que continúan desconcertando a los cosmogonistas.

1. *El problema de la condensación del Sol y de su planetas a partir de una nebulosa fría de gas y polvo*

Gerald P. Kuiper, prominente astrónomo americano, trata de explicar la evolución del sistema solar de la siguiente manera:

> «Lo que hizo que el gas del futuro sol empezara a condensarse fue presumiblemente un torbellino casual que atrajo suficientes átomos a una región, con lo que la gravedad total de ellos venció el momento de los movimientos individuales y los mantuvo en una nube colapsante aislada. Muy lentamente, la materia de la nube empezó a caer en los remolinos en los que el gas era más denso. Naturalmente, el mayor de los remolinos era el protosol. Su influencia gravitatoria invencible dio al resto de la nube la forma de un inmenso disco rotatorio... Los remolinos menores, girando perezosamente los unos alrededor de los otros, como cojinetes de bolas, eran los protoplanetas... La superficie del sol se volvió lentamente roja y caliente, anaranjada y más caliente, amarilla e incandescente. Sus primeros rayos rojizos, cayendo sobre los protoplanetas medio desarrollados, empezaron a remover y eliminar el humo de materia en el cual habían nacido y de la cual se estaban aún alimentando y creciendo. Pronto los protoplanetas ya no giraban el uno sobre el otro como cojinetes de bolas, sino volando separadamente como abejas alrededor de una flor acabada de abrir.» [10]

La teoría de Kuiper, tan sólo brevemente sumarizada aquí, es un refinamiento de la teoría original de Von Weizsäcker de la nube de polvo (1944) y de la teoría de la presión de la luz de Whipple y Spitzer

(1948). A pesar de que sus adherentes afirman que evita las principales dificultades de las anteriores hipótesis, queda absolutamente muy lejos de explicar científicamente el origen del sistema solar.

En primer lugar, antes de que pudiera tener lugar ninguna condensación de gas y de polvo, la nebulosa se habría difundido por el espacio exterior. Kuiper mismo también admite que para que la fuerza gravitacional fuera significativa, las partículas tendrían que ser ¡tan grandes como la Luna! [11] La teoría parece suponer que las partículas de polvo se mantendrán unidas después de su colisión; éste no es el caso en tormentas de polvo, o en cualquier otra situación conocida. Whipple admite que la dificultad principal es explicar cómo los protoplanetas se mantenían como tales en las etapas primitivas, en las cuales las nubes de polvo estaban más rarificadas que el vacío de un frasco de Dewar. Aun así, tenían que mantenerse lo suficiente como para atraer material del espacio que los circundaba, el cual estaba muy rarificado, y tenían que ser lo bastante grandes como para crecer y para no precipitarse hacia el Sol.[12]

En segundo lugar, la teoría de los torbellinos giratorios de gas y polvo es imposible, ya que un sistema regular de vórtices debe permanacer esencialmente intacto durante todo el período de acumulación planetaria. Esto es debido al hecho de que los planetas giran alrededor del Sol, y *todos* en la misma dirección. Kuiper confiesa con franqueza: «Es difícil concebir que el hermoso sistema de vórtices hubiera podido existir por un período de 10 ó 100 años —a fin de conseguir la condensación del material base para la construcción de los planetas.» ¡Y la teoría exige millones de años! [13]

En tercer lugar, aun si asumimos que de alguna manera esta nube comenzó a condensarse, y que se condensó lo suficiente para formar el Sol, hay una pregunta que salta a la vista: «¿Qué es lo que frenó el proceso impidiendo su continuación, de manera que toda la masa material no formó un solo gran cuerpo?» Después de todo, el Sol posee el 99,857 % de la masa total del sistema solar. Esto significa que tan sólo un 1/700 de la masa total no cayó hacia el cuerpo principal. ¿Por qué esta pequeña cantidad no cayó también? Esta pregunta es seria, y aún no ha sido contestada.[14] Finalmente, como indica Paul A. Zimmerman, no parece que otros soles estén desarrollando sistemas planetarios:

> «Weizsäcker mismo ha admitido recientemente que la existencia de gran cantidad de materia interestelar en la vecindad de nuestro sol, juntamente con el hecho de que no puede encontrar ninguna evidencia de que se estén formando estrellas a partir de este material, constituye una paradoja. Aventura la suposición de que la presencia de estrellas ya formadas previene la condensación de más gas interestelar. Pero esta defensa es muy pobre. Greenstein, astrónomo del observatorio de Mount Wilson, es de la opinión de que las estrellas conocidas giran a tal velocidad que se debe concluir que ninguna de ellas puede haber sido formamada por procesos de condensación.» [15]

Como si para aplicar el golpe de gracia a la validez de esta teoría sobre el origen del sistema solar, Kuiper —que cree que es la mejor que se ha conseguido hasta ahora— afirma sobre ella: «No es definitiva la conclusión ... de que el problema tenga solución científica. Por ejemplo, un recipiente en el que se haya agitado el aire no da, después de un momento, ninguna evidencia sobre la naturaleza de la agitación, o del momento en que se produjo... Se pierde toda memoria de este suceso dentro de este sistema.» [16] Es de alabar en este punto la modestia de Kuiper, porque no se ve muy a menudo en los escritos de los cosmogonistas evolucionistas. No obstante, Harold C. Urey expresó un sentimiento similar: «Ninguno de nosotros estuvo allí, y las sugerencias que yo haga en poco pueden considerarse como ciertamente verdad. Lo más que puede hacerse es dar una guía de un posible curso de eventos que no contradiga las leyes físicas ni los hechos observados. Por ahora no podemos deducir por métodos rigurosamente matemáticos la historia exacta que tuvo su principio en un glóbulo de polvo.» [17] El comentario de Zimmerman sobre esta afirmación de Urey es digno de consideración:

> «Esto muestra claramente en qué consiste la teorización cosmogónica. Es una buena diversión para un astrónomo, un matemático, un físico, un químico. Es ejercitarse en lograr un esquema lógico de eventos propuestos que guaría a la formación de la Tierra y del Sistema Solar tales como los encontramos ahora. Es un juego, las reglas del cual son las leyes físicas y químicas. Pero aunque alguien ganara la partida al desarrollar un sistema perfecto que diese cuenta de cada detalle de las propiedades de los cuerpos celestes, con esto no probaría que las cosas sucedieron de hecho como él dedujo que hubieran podido suceder.» [18]

2. *El problema del pequeño momento angular del Sol*

¿Pueden las teorías de evolución estelar explicar el presente estado del Sol? Aparte de la cuestión básica del origen de las partículas atómicas, y de su abrumadora energía (que discutiremos más adelante), el problema que se nos presenta primero es el enojoso dilema del pequeño momento angular del Sol. David Layzer, Profesor de Astronomía en la Universidad de Harvard, nos dice que «las tasas actuales de rotación de las galaxias pueden ser medidas o inferidas a partir de su formas observadas, con una exactitud aceptable» y que, por tanto, «se puede calcular cuánto momento angular debería tener el material de una estrella típica si hubiera formado parte de una protogalaxia gaseosa.» Layzer sigue diciendo:

> «Este debería ser 10^9 veces mayor que el que ahora posee, lo cual significa que en el proceso de contracción una protoestrella típica hubiera perdido todo su momento angular exceptuando 1/ /10.000.000 del 1 % del momento angular original. ¿Cómo sucedió esto? Una proyección de masa habría restado algo del momento angular del sistema, pero no le habría restado el 99,9999999 %. A menudo se ha sugerido un frenado magnético para este propósito, pero la sugerencia no se ha puesto aún en forma definitiva. Por ahora no se conoce ninguna solución satisfactoria a este problema.[19]

3. *El problema del momento angular de los planetas*

En el volumen recientemente publicado por «Life-Time», *El Universo*, se reconoce el enorme problema con que tropieza la evolución en este punto, y de una manera muy cándida:

> «Un problema clave que abruma a los constructores de modelos de sistemas solares es el hecho de que el Sol, con más del 99 % de toda la masa del sistema en su posesión, sólo tiene un 2 % del momento angular del sistema —la propiedad que mantiene al Sol en rotación, y que mantiene a los planetas girando a su alrededor. En consecuencia, los planetas —con un peso mucho menor— po-

seen un abrumador 98 % de su momento angular. Cualquier teoría evolutiva que fracase en dar cuenta de esta peculiaridad queda excluida antes de empezar a desarrollarse.» [20]

Fue principalmente el problema de la desproporción del momento angular en los planetas comparado con el del Sol que finalmente destruyó la antigua hipótesis nebular de Kant y de Laplace, y también las varias teorías de colisión y de aproximación de Chamberlin, Moulton, Jeans, Jeffreys y Littleton. ¿Ha triunfado la actual y popular hipótesis de «la nebulosa fría» allí donde las otras han fracasado? Gerald Kuiper ha sugerido tentativamente la «idea desde lugo muy especulativa» de que los gases entre el Sol y los protoplanetas quedaron ionizados durante su evaporación «y en este estado eléctrico actuaron como puente para la energía magnética del Sol. En efecto, actuaron como radios elásticos entre en cubo giratorio —el Sol— y sus llantas de protoplanetas en evaporación».[21] Pero el profesor Layzer, de Harvard, refutando esta idea, enfatiza que cualquier forma de hipótesis nebular «demanda la existencia de algún mecanismo altamente eficiente para transferir el momento angular desde la parte central de la nebulosa a la periferia. Se ha sugerido como tal mecanismo el acoplamiento magnético, pero nadie ha podido mostrar que existan campos magnéticos de la clase precisa, o que los tales fueran de esperar en una nebulosa». Aún más, «la división del momento angular entre el Sol y los planetas debe haber sido aún más unilateral antes de que los planetas perdieran sus gases ligeros. La dificultad clásica impuesta por tal división es la de entender cómo hubiera podido originarse si es que toda la materia del Sistema Solar había pertenecido antes a una sola nebulosa».[22]

4. *El problema de las órbitas excéntricas e inclinadas*

Otro problema bastante serio para la evolución estelar es la marcada desviación de cuerpos más pequeños en el sistema solar de la órbita de tipo «normal» exigida por la teoría de que el sistema empezó como un gigantesco disco aplanado en rotación, de gas y de polvo, que se condensó formando un sol central y varios protoplanetas.[23] Ahora bien, es cierto que los planetas revelan tres tipos de regularidad en sus giros alrededor del Sol, y que estas regularidades son las que han inducido a explicaciones evolutivas del origen del Sistema Solar: 1) todos los nueve planetas giran alrededor del Sol *en el mismo sentido*, en movimiento contrario al de las agujas de un reloj observándolo desde la estrella Polar; 2) todos estos planetas tienen *órbitas casi circulares*; 3) las órbitas de estos nueve planetas caen *casi en el mismo plano*, el cual es aproximadamente el plano del ecuador solar.

No obstante, como indica el profesor Layzer, los teóricos cosmogonistas tienden a enfatizar estas tres regularidades mientras que se ha dado mucho menos énfasis al hecho de las desviaciones de estas regularidades exhibidas por los cuerpos menores del sistema solar. De los *planetas*, Mercurio (el más pequeño) y Plutón (el más lejano) son los que tienen las órbitas más inclinadas y excéntricas (con inclinaciones de 7 grados y 17 grados, respectivamente, y excentricidades de 24 % y 20 % respectivamente). Los *asteroides* ... tiene aún excentricidades e inclinaciones mayores, mientras que las órbitas de los cometas y de los meteoritos no muestran ni trazas de ninguna de las tres regularidades.[24]

Una interesante ilustración de la repugnancia de los evolucionistas a enfrentarse con la verdadera significación de tales desviaciones del modelo «normal» puede verse en la siguiente declaración de Isaac Asimov:

«La regularidad general de esta escena sugiere por sí misma que algún proceso sencillo creó todo el sistema. Desde luego, las irregularidades existentes siempre han sido difíciles de explicar, pero solamente hay unas pocas, y pueden ser explicadas como resultado de accidentes... El hecho de que la órbita de Plutón está inclinada bien fuera del plano general, y de que tiene una elongación anormal puede ser explicado aceptando la teoría de que Plutón había sido originariamente un satélite de Neptuno y que fue despedido de aquel planeta por alguna colisión cósmica, o por algún otro accidente.»[25]

5. *El problema de la rotación retrógada de Urano y de Venus*

Aunque todos los nueve planetas *giran alrededor del Sol* en la misma dirección, el significado de este hecho como demostración de la regularidad básica del sistema solar queda bastante empalidecido cuando tomamos en cuenta que dos de los planetas *giran sobre sus ejes* ¡en sentido contrario! El caso de Urano hace tiempo que lleva perplejos a los astrónomos. Mientras que los ejes de los planetas con rotación directa (para distinguirlos de los de rotación retrógada) se desvían de la perpendicularidad con una desviación que oscila entre los 3 y 9 grados (siendo la inclinación de la tierra de 23,5 grados), *el eje de Urano presenta una desviación de 98 grados*, lo cual significa ocho grados *hacia atrás* en relación a su órbita alrededor del Sol. Juntamente con esto también tenemos que la órbita de Urano es la de menos inclinación de todos los planetas. El profesor Layzer admite que «es cuestión abierta si este estado de cosas es consistente» con las teorías actuales sobre el sistema solar.[26] Similarmente, W. M. Smart, profesor de Astronomía de la Universidad de Glasgow, concluye:

«Se debe confesar que es difícil dar razón de las excepcionales circunstancias en relación con Urano si tenemos en cuenta, como así es, la uniformidad de los movimientos orbitales y rotacionales en general como suministrándonos un argumento incontrovertible en favor del origen común del sistema solar.» [27]

El caso de Venus es igualmente difícil de explicar tomando como base una evolución cósmica. Mientras que el Mariner II estaba finalizando su viaje de 109 días hacia Venus en el otoño de 1962, R. M. Goldstein y R. L. Carpenter, del Instituto Tecnológico de California, informaron que habían hecho un descubrimiento muy significativo en cuanto a la rotación de Venus por medio de pruebas de radar desde la estación de seguimiento de Goldstone, con independencia de las informaciones recibidas del Mariner II:

«Entre el 1.º de octubre y el 17 de diciembre de 1962 establecimos contacto con Venus por medio de radar, y encontramos que Venus puede poser un movimiento de rotación en dirección opuesta al de la Tierra, con un período aproximado de 240 días. El resultado ha sido comprobado por dos métodos independientes, un método de espectro a onda discontinua y un experimento de espectro a onda continua. Creemos que este período de rotación es exacto dentro de un 20 % si el eje de rotación está cerca de la perpendicular al plano orbital de Venus.» (Science, March 8, 1963. Vol. 139, núm. 3.558, pág. 910.)

6. *El problema de los satélites retrógados*

Seis de los nueve planetas tienen lunas o satélites propios —la Tierra uno, Marte dos, Júpiter doce, Saturno nueve, Urano cinco, y Neptuno dos; en total treinta y uno. Cuando los astrónomos empezaron a estudiar estos satélites planetarios, quedaron asombrados al descubrir que ¡no todos orbitan sus planetas en el mismo sentido! Algunos de ellos poseen *órbitas retrógadas* en relación al sentido de la rotación de sus planetas. Esto es así en los cuatro satélites exteriores a Júpiter, de un total de doce que posee; de Febe, el más alejado de los nueve de Saturno; de las cinco lunas de Urano, que giran en el plano ecuatorial de este planeta, que presenta una inclinación de 98 grados en relación al plano de su propia órbita; y de Tritón, el más interior de los dos de Neptuno, que tiene el doble de masa que la Luna (con un diámetro de unos 5.000 km) y que gira cada seis días en una órbita casi circular a unos 353.000 km del planeta (unos 30.000 km más cerca de Urano que la Luna de la Tierra).

Isaac Asimov, lo mismo que muchos otros cosmogonistas evolucionistas, cree que Tritón, como Plutón, «fue despedido de este planeta por alguna colisión cósmica o algún otro accidente» y que más tarde Neptuno recapturó su satélite perdido, con una órbita retrógada, por «un accidente similar».[28] Pero ¿cuántos «accidentes» tenemos derecho a invocar para apoyar a una teoría ya tambaleante bajo el peso de sus propias suposiciones no probadas? Además Asimov declara que los satélites retrógados son excepciones poco importantes» a la regla general de las órbitas de los satélites. Pero ¡*once lunas de treinta y una* que tienen órbitas retrógadas difícilmente pueden descartarse como excepciones poco importantes. Después de intentar explicar las posibles maneras en que Júpiter pudo haber capturado sus satélites retrógados, el profesor W. M. Smart concluye: «El problema matemático es obviamente uno de los más difíciles y complejos, y no es sorprendente que la sugerencia de captura de satélites indicada a grandes trazos en lo que concierne a Júpiter no haya salido de la especulación, ni se haya elevado a niveles más altos de demostración matemática.» [29] El profesor Layzer de Harvard pone en claro que «los fragmentos de un disco en rotación deben todos girar en el mismo sentido. Así, tenemos que la hipótesis nebular debe atribuir un origen separado a los satélites retrógados. Generalmente se cree que han sido capturados, y éste es un punto de vista que era más fácil de creer en los días en que las órbitas retrógadas (conocidas) eran mucho más raras que hoy en día, en que se conocen no menos de once.» [30]

7. *El problema de la distribución del momento angular en sistemas de satélites*

Se indicó anteriormente que los nueve planetas poseen el 98 % del momento angular del sistema solar. Aun si esto pudiera ser explicado por la teoría evolucionista —¡y no puede serlo!— aún permanecería la distribución del momento angular en sistemas de satélites, lo que constituye otra barrera para la mencionada teoría. El profesor Layzer explica el problema de la manera siguiente:

> «Excepto en el sistema Tierra-Luna (el cual es excepcional también en otras características) *el planeta posee la mayor parte del movimiento angular, en lugar de los satélites.* Esto sucede en parte a causa de que los sistemas de satélites son más compactos que el sistema primario (el planeta correspondiente); las distancias de los satélites a sus primarios, medidas en unidades del radio del prima-

rio, son sistemáticamente menores que las distancias de los planetas al Sol, medidas en unidades del radio solar. *Pero, además, los planetas poseen un movimiento de rotación más rápido, para sus densidades, que el Sol*, como es evidente por su grado de achatamiento. *Esta circunstancia agrava la dificultad teórica presentada por la lenta rotación del Sol*, porque si el Sol ha conseguido de alguna manera librarse del movimiento angular que se debería esperar que tuviera, según lo que exige la teoría nebular, ¿cómo es que los planetas no han hecho lo mismo?» [31]

8. *El problema de la Luna*

A pesar de que la Luna no es el satélite planetario mayor en el sistema solar, es el mayor en proporción al tamaño de su planeta, con un diámetro mayor que la cuarta parte del de la Tierra y más de dos terceras partes del de Mercurio. Por esta razón, y como indica Arthur Beiser, «el pensamiento moderno sobre la formación del sistema solar contempla a la Luna como un planeta legítimo, que tomó forma, como mellizo cercano, del mismo material base a partir del cual se originó la Tierra o, formándose en alguna otra parte de la misma zona general, fue más tarde capturado por la Tierra para formar el presente sistema doble.» [32] Pero Beiser reconoce que este punto de vista sobre el origen de la Luna se encuentra en dificultades muy serias, porque continúa diciendo: «Por las observaciones que nos dan a conocer las dimensiones de la Luna y de su masa, sabemos que la Luna tiene un promedio de densidad una tercera parte menor al de la Tierra. Si ambos cuerpos fueron formados mayormente del mismo material, ¿qué es lo que nos explica esta discrepancia?» [33] Y no hay ninguna respuesta a esta cuestión.

Ahora por ahora, los astrónomos no tienen ninguna teoría generalmente aceptada en cuanto al origen de la Luna. El astrónomo británico George Darwin (hijo de Charles Darwin), descubrió en el año 1890 que la Luna está apartándose de la Tierra a una tasa de unos 13 cm por año. Por medio de una extrapolación típicamente uniformista, concluyó en que ¡hace mil millones de años la Luna fue arrancada de la Tierra, dejando la depresión que ocupa el Pacífico como marca que indica su punto de partida, y que ha estado siempre apartándose desde entonces! Muchos científicos aceptan esta hipótesis todavía, incluyendo a George Gamow,[34] a pesar de que otro astrónomo británico, Harold Jeffreys, demostró de manera más bien concluyente en 1921 que tal separación de la Luna de la Tierra hubiera sido físicamente imposible. «Desde entonces» escribe Harold C. Urey, «la mayoría de astrónomos han estado de acuerdo con él».[35] Por lo tanto, ¿qué es lo que la recesión de la Luna puede mostrarnos en cuanto a su origen? ¡Nada en absoluto! Este punto debería ser cuidadosamente ponderado por aquellos que insisten que los procesos presentes son una clave infalible para el pasado.

9. *El problema de los elementos más pesados en los planetas más pequeños*

El profesor Fred Hoyle, renombrado cosmólogo de la Universidad de Cambridge, nos indica aún otro problema para la hipótesis nebular:

> «Aparte del hidrógeno y del helio, todos los demás elementos son extremadamente raros en todo el universo. En el Sol suman sólo un 1 % de la masa total. Contrastemos esto con la Tierra y los otros planetas en los cuales el hidrógeno y el helio

hacen una contribución tan sólo similar a la de átomos altamente complejos como los del hierro, calcio, silicio, magnesio y aluminio. El contraste destaca dos puntos importantes. Primero, vemos que el material despedido del Sol no sería apropiado para la formación de los planetas tal como los conocemos. Su composición sería totalmente diferente. Y nuestro segundo punto en este contraste es que es el Sol el que es normal, y la Tierra la que es un monstruo. El gas interestelar y la mayoría de las estrellas están compuestas de un material como el del Sol, no como el de la Tierra. Se debe comprender que, hablando cósmicamente, la habitación en que estamos sentados está hecha de material equivocado. Somos una rareza, somos una pieza de colección cósmica.» [36]

Se han desarrollado teorías muy ingeniosas y complejas para explicar la elevada proporción de elementos pesados en la Tierra y en los planetas más pequeños. Recordemos que, en una cita anterior, Kuiper invocó el concepto de una nube de polvo compuesta de casi exactamente la misma proporción de elementos que ahora se encuentran en el sistema solar, que gradualmente se condensó para formar el Sol y sus planetas, dispersándose los gases más ligeros debido a la presión de la luz del Sol (principalmente hidrógeno y helio) de entre los planetas interiores y más pequeños (Mercurio, Venus, Tierra y Marte). Ya es difícil de imaginar este proceso de condensación planetaria, ¡pero no es nada comparado con la dificultad de imaginar, en primer lugar, cómo pudo haberse originado una tal nube de polvo! George Gamow cree que nuestro universo actual se originó como resultado de un núcleo altamente denso de protones y neutrones que explotó en un «Big Bang» (gran explosión) hace cosa de unos cinco mil millones de años. Por una rápida sucesión de capturas de neutrones y de su transformación en protones y electrones, todos los elementos aparecieron en los primeros pocos minutos, y la materia volante formó las estrellas, planetas y galaxias. Gamow estructuró su teoría con un detalle matemático impresionante, y la mayoría de las cosmogonistas hoy en día aceptan las líneas básicas de esta hipótesis.» [37]

No obstante, la teoría del «Big Bang» de Gamow respecto al origen de los elementos presenta algunas dificultades insuperables. La primera de ellas, como William A. Fowler, del Instituto Tecnológico de California, admite, está más allá de cualquier esperanza de solución científica: «Cómo fueron creados los protones y los neutrones es una cuestión que queda fuera de las fronteras de este artículo: sólo hombres de fuertes convicciones religiosas y científicas tienen la valentía de tratar con el problema de la creación.» [38] Además de esto, hay otras «dificultades que han sido expuestas por Ralph A. Alper y Robert C. Herman, sus colaboradores (de Gamow).»

> «La más seria es el hecho de que, en la secuencia de pesos atómicos, faltan los números 5 y 8. Esto significa que no hay ningún átomo estable de masa 5 ni 8. La cuestión es entonces: ¿cómo puede saltar estas discontinuidades un proceso evolutivo de los elementos por proceso de captura de neutrones? El proceso no podría ir más allá del helio 4, y aún si pudiera saltar esta discontinuidad, tendría que detenerse otra vez en el de masa 8. Hablando claro: si la captura de neutrón fuera el único proceso por el cual los elementos pudieran formarse, empezando por el hidrógeno, el proceso no iría más allá del Helio-4. Esta objeción básica a la teoría de Gamow es un gran desengaño, en vista del aspecto prometedor y el atractivo filosófico

de la idea. La otra importante teoría en boga es menos sencilla y menos elegante. Complica la escena al invocar otros procesos, además de la captura de neutrón para dar cuenta de la formación de los elementos. Pero parece superar las dificultades halladas por la teoría propuesta por Gamow. Esta otra teoría propone que los elementos fueron no formados en una explosión primordial, sino en el interior de las estrellas, a grandes temperaturas.»[39]

Fowler dedica el resto de su artículo a una discusión sumamente especulativa de los numerosos y complicados procesos que se deben imaginar para explicar la evolución de los elementos pesados. Empezando con un universo consistiendo de un gas turbulento, río y enrarecido, compuesto de átomos de hidrógeno, la teoría supone que parte del gas se condensó en estrellas que llegaron a calentarse lo suficiente como para producir algo de Carbono-12 a partir de un pequeño número de fusiones de Berilio-8 con Helio-4. Al irse elevando la temperatura, se iban formando otros elementos, hasta que apareció el grupo del hierro (alrededor del peso atómico 56). Habiendo consumido todo su combustible interno, estas estrellas primitivas estallaron, y proyectaron «una cantidad considerable de hierro, juntamente con elementos más ligeros, al espacio interestelar. De esta nebulosa fría de gas y polvo se formaron estrellas de «segunda generación», que a su vez produjeron elementos aún más pesados, estallaron a su vez, proyectándolos al espacio interestelar y finalmente se condensaron ¡formando el sistema solar! Fowler admite que «el esquema es aún muy hipotético.» «Es desconcertante que se tengan que indicar tantos procesos diferentes; sería mucho más satisfactorio ver un sólo proceso que pudiera formar todos los elementos. No obstante, se podrá simplificar esta figura cuando se tengan más datos frutos de la investigación.» [40]

Desafortunadamente para la teoría de evolución estelar, la figura no se simplifica «conforme van apareciendo nuevos datos». En lugar de esto, la complejidad del universo físico se va multiplicando con cada nuevo descubrimiento que se efectúa sobre él. No sería inapropiado sugerir que la forma más fácil de librarse del dilema cosmogónico, por lo que a la ciencia actual concierne, sería suponer que *todos los elementos aparecieron* en forma de nubes de gas y polvo *—¡de la nada!* Quizás algunos lectores se quedarán sorprendidos al enterarse de que ésta es realmente la «explicación» presentada para el origen de todos los átomos de hidrógeno del universo por Fred Hoyle, Hermann Bondi y Thomas Gold, de la Universidad de Cambridge, William McCrea de la Universidad de Londres, y otros cosmólogos del «estado estacionario» que se oponen fuertemente a la teoría de que el universo se formó con un «Big Bang» (gran explosión), teoría propuesta por Gamow. El profesor Hoyle explica:

> «Me encuentro obligado a asumir que la naturaleza del universo requiere una creación continua —el perpetuo venir a existencia de nuevo material de base... La pregunta más obvia que se puede hacer sobre la creación continua es: ¿De dónde viene el material creado? *De ningún sitio. El material aparece —es creado. En un momento determinado, los varios átomos que componen un material no existen, y más tarde aparecen.* Esto puede parecer muy extraño, y estoy de acuerdo en que lo parece, pero en Ciencia no importa lo extraña que pueda parecer la idea en tanto que sirva, que funcione... El hidrógeno se está convirtiendo constantemente en helio en todo el universo, y esta conversión es irreversible —esto significa que el hidrógeno

no puede ser producido en ninguna cantidad apreciable por medio de la desintegración de otros elementos. ¿Cómo es entonces que el universo consiste casi enteramente de hidrógeno? Si la materia fuera infinitamente vieja, esto sería poco menos que imposible. Así que, siendo el universo como es, no se puede esquivar esta evidencia de creación. Y creo que las varias posibilidades que se han sugerido, la de creación continua es la más satisfactoria.»[41]

Pero si los átomos de hidrógeno continúan apareciendo de la nada, ¿por qué no hacen lo mismo los demás elementos también? En otras palabras, si la ciencia moderna no puede explicar el origen de las unidades básicas del universo (sean protones, neutrones, o átomos de hidrógeno), ¿por qué se tiene que molestar en explicar el origen de los elementos más complicados? Si la ciencia moderna no puede explicar el origen del sistema solar, la Luna y el Sol, ¿por qué se tiene que molestar en explicar el origen del universo lejano? En realidad, lo que sucede es que la ciencia sale de su terreno cuando dogmatiza —o tan siquiera especula— sobre los orígenes últimos. Dios ya ha mostrado que la mera lógica humana y la investigación nunca triunfarán en esta área, pues es tan sólo por una *revelación especial* que Dios nos ha revelado parcialmente los misterios de la creación «en el principio». No es por especulaciones cosmológicas, sino «*por la fe* entendemos haber sido constituido el universo por la Palabra de Dios, de modo que lo que se ve fue hecho de lo que no se veía» (Heb. 11:3).

Pero ¿no están firmemente establecidas sobre bases matemáticas todas las actuales teorías cosmológicas y cosmogónicas? Sí, cierto, pero matemáticas de alta categoría, e igualmente brillantes, están «demostrando» cosmologías *mutuamente exclusivas.* Bernard Jaffe describe de la siguiente manera el presente estado de cosas en Cosmología:

«El teórico suplementa los principios de Einstein con funciones matemáticas propias, añadiendo un nuevo símbolo aquí, sacando otro allí, cambiando coeficientes o exponentes, reordenando las fórmulas cuando aparecen nuevas dificultades, o cuando se les ocurren nuevas interpretaciones. Cada línea representa la creación de un nuevo universo; cada hoja de papel estrujada y arrojada a la papelera significa un universo destruido. Por la mañana construye y por la noche destruye; dios y demonio a la vez.» [42]

Un científico prominente, repasando la enrevesada y desarrollada teoría cosmogónica de otro científico, advirtió que «sólo el lector atento podrá darse cuenta de que, escondida detrás de una cortina de matemáticas aparentemente conservadoras, hay una pirámide invertida, en precario equilibrio, de especulaciones seguidas de especulaciones, interconectadas con resbaladizas suposiciones.» [43] ¿Qué puede concluir el cristiano de todo esto? En palabras de Paul A. Zimmerman:

«Ninguna teoría es mejor que sus suposiciones, ni más fuerte que ellas. Sin una buena base para aceptar tales suposiciones, toda la estructura cuelga del cielo suspendida por el hilo de la imaginación... Por todo ello, la conclusión que puede tomar el pastor cristiano es que en verdad les puede decir a todos que la actual propaganda materialista en cuanto a las teorías cosmológicas es esto simplemente: propaganda. Y propaganda ¡no apoyada por los hechos! El relato bíblico de la creación por Dios Todopoderoso no ha sido desmentido por la ciencia.

Permanece hoy en día, incluso desde el punto de vista de la racionalidad —yo creo—, la más lógica y digna de crédito de todas las explicaciones del origen de la Tierra y del universo.»[44]

III. *La Teoría de la Doble Revelación subestima la Revelación Especial de Dios en las Escrituras*

Es muy chocante, a la luz del fracaso de la evolución naturalista, la cual se muestra incapaz de explicar el origen de los elementos, de las estrellas, y de los planetas, encontrar no obstante líderes evangélicos apelando a la hipótesis de Gamow (del Big Bang) de un universo siempre en expansión ¡como defensa de la doctrina bíblica de la Creación! En el primero de una serie de artículos sobre la historia de la creación, la revista «Christian Life» invitó a J. Lawrence Kulp, Karl Turekian y Donald R. Carr, del Observatorio Geológico Lamont de la Universidad de Columbia, y a Russell Mixter y Howard Claasen, de la escuela superior de Wheaton, a discutir «El origen del Universo». La conclusión de estos escritores es la siguiente:

> «Un sencillo cálculo muestra que hace unos cinco mil millones de años toda la materia estaba concentrada en un punto. En aquel momento hubo una explosión, y los fragmentos han estado dispersándose unos de otros desde entonces, formando un universo en expansión... *¿Cómo tuvo lugar este acto creativo?* Podemos decir que un número creciente de científicos creyentes evangélicos y teólogos están tomando la siguiente posición... *Todos los elementos del universo debieron haber sido creados en media hora aproximadamente.* En menos de 400 millones de años, el gas compuesto de un 90 % de hidrógeno se había extendido mucho, y la tem-

peratura había descendido hasta alcanzar el nivel de la de un habitación confortable. En aquel tiempo no existía ninguna de las brillantes estrellas que hoy vemos —tan sólo una oscura y gigantesca esfera de gas a baja presión... Al cabo de unos 500 millones de años que el universo principiara, alrededor de 1/10 de la historia del universo, la Tierra apareció.» [45]

El esfuerzo de estos científicos evangélicos para poder armonizar la teoría del «Big Bang» con el relato bíblico de la Creación roza la extravagancia en el momento en que citan Hebreos 11:3 («Por la fe entendemos haber sido constituido el universo por la Palabra de Dios, de modo que lo que se ve fue hecho de lo que no se veía») ¡para apoyar la idea de que el universo visible se ha desarrollado a partir de partículas atómicas o subatómicas «invisibles»! Bernard Ramm, aunque en muchos otros aspectos acepta la teoría de la doble revelación, muestra la falsedad de la anterior interpretación:

«Si ésta es la correcta interpretación del pasaje, esto significa ¡que todos los científicos que aceptan la teoría atómica *tienen la fe de Hebreos 11!* Así, se coloca la creencia en protones, fotones, positrones y electrones al mismo nivel que la fe en el poder de Dios y en sus promesas. Es absurdo afirmar que la fe del ateo en la teoría atómica es la misma fe de la que se habla en Hebreos 11.

»... La creación *ex nihilo* (de la nada) es distintivamente bíblica y por completo extraña al pensamiento griego, y es la creación *ex nihilo* la que percibimos por la fe. Por lo tanto, afirmar que «lo que no se veía» se refiere a los átomos invisibles en lugar de *a la Palabra de Dios* (el divino agente de la creación) es *contradecir directamente la enseñanza de este versículo.* Haría que el versículo significara: "Dios creó el mundo de átomos invisibles que existían previamente." *Pero esto es lo que el pasaje busca negar* porque busca enseñarnos que el universo visible fue traído a existencia *ex nihilo* por un Dios espiritual y por un poder espiritual, es decir, la Palabra de Dios.» [46]

Es muy significativo que justamente un año y medio después de que este artículo apareciera en «Christian Life», el mismo Gamow admitiera francamente que la teoría del «Big Bang» ¡no podía explicar el origen de la mayor parte de los elementos!

«Sabemos de hecho que el hidrógeno y el helio hacen el 99 % de la materia del universo. Esto nos deja con el problema de la formación de los elementos más pesados. Mantengo la opinión de que algunos de ellos fueron formados por captura de neutrones. De todas maneras, ya que la ausencia de núcleos estables de peso atómico 5 hace muy improbable que los elementos más pesados hubieran podido ser formados en la primera media hora en la abundancia que se observa ahora, estaría de acuerdo en *que la parte del león de los elementos más pesados bien pudiera haber sido formada más tarde en el interior candente de las estrellas.*» [47]

Y éste no es un caso aislado. Una y otra vez se ha presionado a los cristianos a adoptar alguna teoría científica popular, sólo para después descubrir, para tristeza y embarazo suyo, que habían conseguido «armonizar» las Escrituras con un concepto que, de todas maneras, después se demostró erróneo. Como alguien ha bien dicho, la persona que se casa con la cosmología científica de una generación, se quedará viuda en la siguiente. La comprensión humana del universo va cambiando al aprender más y más de su intrincada complejidad y de su maravillosa estructura; pero la Palabra de Dios nunca cambia, porque es el producto directo de un Dios invariante e infinito.

No es sorprendente que los cristianos que prefieren aceptar la doctrina bíblica de los orígenes se encuentren sometidos a una presión continua, no solamente por parte de los científicos seculares, sino también de los científicos evangélicos que se adhieren tenazmente a la doctrina de la doble revelación. Por ejemplo, el doctor J. Lawrence Kulp, uno de los contribuyentes al artículo anteriormente citado de «Christian Life», piensa que el que muchos cristianos pongan en tela de juicio la teoría del origen del universo que aceptan la mayoría de los científicos modernos es el colmo de la presunción:

> «Puede ser teológicamente indeseable por parte de aquellos que sostienen una doctrina particular de la creación el aceptar la "hipótesis del hidrógeno candente" en cuanto al origen del universo, pero no es deseable en absoluto para un teólogo el rechazar una hipótesis que, en una forma u otra, es aceptada por prácticamente todos los científicos cosmólogos y ello sobre bases científicas... Por lo que parece tendremos que dejar a los teólogos que pontifiquen todo sobre el conocimiento del mundo físico y no atrevernos a investigar en absoluto. La primera etapa de toda investigación científica es hacer suposiciones (formar hipótesis) antes de empezar las pruebas. ¿Por qué debería ser menos sujeta a estudio la primera etapa del universo que otra parte cualquiera de su historia? No se comprende cómo la aceptación de una teoría particular sobre la primera etapa del universo puede implicarle a uno en un concepto de evolución total.» [48]

Aún más seria que esta afirmación, en lo que se refiere a la doctrina bíblica de la Creación, es la insistencia del doctor Kulp en que un punto de vista sobre los orígenes que no fuera el uniformista ¡haría de Dios un engañador de la humanidad!

«Los cristianos deberían creer en un universo en general uniforme, y mantenerse informados en base de la mejor y más factual información sobre su universo. Tal concepto no excluye los milagros ni los convierte en deístas. Ya que el Dios de los cristianos es un Dios de Verdad, no engañaría a propósito, como tampoco mentiría a propósito. Por tanto, queda sólo una interpretación probable y sencilla de los datos físico-químicos del universo que se mantiene, y que nos muestra que ha tenido una historia de miles de millones de años. *Si aceptamos la idea de que Dios engañó al hombre sobre el origen y desarrollo del universo, ¿cómo podemos creerle otras declaraciones.*» [49]

¿Cuál es el significado pleno de esta afirmación? En primer lugar, parece que el doctor Klup está diciendo que las evidencias en apoyo de la interpretación uniformista del origen y desarrollo del universo son tan consistentes, poderosas, e innegables, que ¡Dios mismo sería un engañador si, después de todo, esta interpretación resultara ser falsa! Sugerimos al lector que repase otra vez los nueve problemas que hemos presentado anteriormente, en este artículo, si está tentado a creer que existe «una sola interpretación probable de los datos físico-químicos del universo». Si repasamos la historia de la ciencia, nos encontramos con miles de ejemplos en los que los científicos, en todo el mundo occidental, han mantenido ideas completamente erróneas en relación a las leyes y estructura del universo material. Hasta mediados del siglo XIX los científicos creían en la generación espontánea de la vida. Y no fue hasta nuestro siglo XX que el concepto durante tanto tiempo mantenido de la indestructilidad de la materia no se derrumbó. *¿Estamos justificados en dar la culpa a Dios por estos erróneos puntos de vista que los científicos prominentes habían mantenido por siglos?* ¿Engaña Dios por el hecho de que el hombre no es omnisciente ni infalible en su comprensión del mundo natural que le rodea?

Una segunda implicación de la declaración del doctor Kulp, y ésta mucho más seria, es que Dios no nos ha revelado a la humanidad, en ninguna manera, la verdadera interpretación de cómo principió el universo. Pero ¿qué pasa con el Libro del Génesis? ¿Acaso este libro no arroja ninguna luz sobre la cuestión? Es exactamente en este punto en el que se revela el verdadero carácter de la teoría de la doble revelación. Es básico en esta teoría subestimar la significación de las Escrituras en el moderno debate cosmogónico y cosmológico. Kulp afirma:

> «Algunos teólogos asumen que los resultados de la ciencia en el espacio pueden ser aceptados, pero deben ser rechazados los que están en el tiempo. Ello ocurre a causa de su escasez de conocimientos científicos. La materia, la energía, el espacio y el tiempo están indisolublemente relacionados. Cuando deseamos conocer con algún detalle lo que había o hay en el universo material, no podemos conseguir esta información de las Escrituras. Sencillamente, no son un libro de texto sobre el mundo material. No fueron escritos con este propósito. Las referencias a los fenómenos naturales son breves, generales y no técnicas.» [50]

Desde luego, hay alguna verdad en el chiclé tan repetido de que la Biblia no es un texto de Ciencia. Pero también es verdad que las Escrituras son inerrantes y autoritativas allí donde hablan sobre asuntos que solapan los así llamados dominios del científico y del historiador, *y tales ocasiones ni son raras ni oscuras.* Por ejemplo, hay una sobresaliente cantidad de clara evidencia bíblica de que tanto Adán como Eva recibieron sus cuerpos por creación directa, sobrenatural (y no por un proceso evolutivo); que antes de la maldición Edénica no existía la muerte, ni enfermedades, ni violencia en toda la tierra; que los inmediatos descendientes de Adán y Eva no fueron salvajes analfabetos; que la raza humana no ha existido por veintenas ni por cientos de miles de años; que el Diluvio Universal fue geográficamente universal; y que la presente distribución de la raza humana puede ser trazada desde la torre de Babel y el juicio divino sobre ella.[51]

Aún más, es la convicción del escritor de estas líneas que la Escritura enseña claramente que los cielos, la tierra, el mar, y las diferentes clases de plantas y animales vinieron a existir como entidades «maduras» y funcionales por el poder directo y sobrenatural de Dios.[52] Algunos presentan el argumento de que Dios podría haber escogido contarnos la historia de la creación en términos de creación directa más bien que en términos de evolución debido a que el hombre primitivo no hubiera podido comprender un concepto evolucionista. ¡Pero esto no es cierto! Los antiguos griegos aceptaban varias ideas evolucionistas sobre el origen de la vida, y si lo cierto hubiera sido la evolución, Dios hubiera podido haber dirigido a Moisés con toda facilidad para que presentase esta idea con exactitud.[53] Por lo tanto, no es cuestión de si Dios ha engañado a los científicos en lo que concierne a los orígenes si resultara que el libro de Génesis está en lo cierto. La verdadera cuestión es si Dios habrá engañado a los que se han tomado en serio el libro del Génesis si al final resultaran ciertas las teorías uniformistas y evolucionistas sobre los orígenes.

autóctonas en el mundo habitado, en ese que sólo para los así llamados dominadores (del que fue y del historiador) y tales ocasiones raras veces son oscuras. Por ejemplo, hay una sobrecogedora cantidad de clara evidencia bíblica de que tanto Adán como Eva recibieron sus cuerpos por creación directa, sobrenatural (y no por un proceso evolutivo); que antes de la maldición Edénica no existía la muerte, ni enfermedades, ni violencia en toda la tierra; que los inmediatos descendientes de Adán y Eva no fueron salvajes analfabetos; que la raza humana no ha existido por decenas, ni por cientos de miles de años; que el Diluvio Universal fue geográficamente universal; y que la presente distribución de la raza humana puede ser trazada desde la torre de Babel y el juicio divino sobre ella.[11]

Aún más, es la convicción del escritor de estas líneas que la Escritura enseña claramente que los cielos, la tierra, el mar, y las diferentes clases de plantas y animales vinieron a existir como entidades acabadas y funcionales por el poder directo y sobrenatural de Dios. Algunos presentan el argumento de que Dios podría haber escogido contarnos la historia de la creación en términos de creación directa más bien que en términos de evolución debido a que el hombre primitivo no hubiera podido comprender un concepto evolucionista. ¡Pero esto no es claro! Los antiguos griegos aceptaban varias ideas evolucionistas sobre el origen de la vida, y si lo cierto hubiese sido la evolución, Dios hubiera podido haber ayudado a Moisés con toda facilidad para que presentase esta teoría con exactitud.[12] Por lo tanto, no es cuestión de si Dios ha orientado a los científicos en lo que concierne a los orígenes si resultara que el libro de Génesis está en lo cierto. La verdadera cuestión es si Dios habría engañado a los que se han tomado en serio el libro del Génesis si al final resultaran ciertas las teorías uniformistas y evolucionistas sobre los orígenes.

Conclusión

Ha llegado el momento en el que los cristianos evangélicos deben desafiar abiertamente la noción popular de que la ciencia moderna suministra una fuente de información independiente e igualmente autorizada que la Biblia concerniendo a tales doctrinas como las de la Creación original, la maldición Edénica, y el Diluvio universal, y que solamente la Ciencia sea competente para decirnos *cuándo* y *cómo* tales cosas sucedieron (¡o si aun siquiera llegaron a suceder en absoluto!), mientras que la Biblia nos informa meramente «en un lenguaje no técnico» en cuanto a *quién* hizo estas cosas y *por qué*. La verdad de todo este asunto es que la Palabra de Dios no sólo nos suministra la única fuente digna de crédito sobre el *cuándo* y el *cómo* de estos grandiosos acontecimientos sobrenaturales (para no decir del *quién* y del *por qué*) sino que además nos explica por qué el intelecto humano sin ayuda es completamente incompetente para llegar a las respuestas correctas en tales asuntos (Cf. Rom. 1:18-23; 3:11; 1.ª Cor. 1:19-29; 2:14; Heb. 11-1-6; 2.ª Ped. 3:3-5). La condena del Señor sobre los escépticos saduceos de Su tiempo expresa adecuadamente el problema básico ante el que se encaran los modernos cosmogonistas uniformistas: «Erráis, ignorando las Escrituras y el poder de Dios» (Mat. 22:29). Desde luego, estamos lejos de negar que Dios ha dado al hombre una revelación de Sí mismo en este universo material, porque la Biblia lo enseña bien claramente en el Salmo 19:1 («Los cielos cuentan la gloria de Dios, y la expansión denuncia la obra de sus manos») y en Romanos 1:20 («Porque las cosas invisibles de él, con su eterno poder y deidad, se hacen claramente visibles desde la creación del mundo, siendo entendidas por medio de las cosas hechas, de modo que no tienen excusa»). Además, Dios ordenó a Adán que «sojuzgara» la tierra (Gén. 1:28), y podemos suponer que este mandamiento halla una expresión parcial en los maravillosos inventos y descubrimientos que Dios ha permitido a sus criaturas.

Pero hay un gran número de verdades supremamente importantes que el universo material nunca puede revelar al ojo investigador del hombre, aun si pudiera llegar a investigar su maravillas con una mente no caída y con un corazón puro. Es por esta razón que Dios, en su infinita gracia y amor, nos ha dado en la Biblia *la suprema revelación*, la única con autoridad concerniente a las Personas de la Trinidad, la Creación original, la naturaleza del hombre, la Caída y la maldición Edénica, la Torre de Babel, los pactos Abrahámico y Mosaico, los milagros de Moisés, Elías y otros profetas, la encarnación, la muerte expiatoria y la resurrección corporal de Cristo, la naturaleza y propósito de la Iglesia, el mundo invisible de los espíritus (incluyendo a Satanás), la segunda venida de Cristo, los juicios futuros, el cielo y el infierno, y muchas otras verdades vitalmente importantes *que están completamente fuera del campo de la investigación científica*. En otras palabras, la cosmogonía, cosmología y la metafísica, en el pleno sentido de estas palabras (y no hay otro sentido realmente válido) ¡son imposibles aparte de la revelación especial de Dios en las Escrituras! Por tanto, el verdadero científico, no menos que el verdadero teólogo, debe confesar con David: «Lámpara es a mis pies tu palabra, y lumbrera a mi camino» ... «En tu luz veremos la luz» (Salmos 119:105; 36:9).

En vista de ello, el cristiano puede tener la perfecta confianza de que la ciencia no puede efectuar ningún descubrimiento que lleve fruto que no esté de acuerdo con las claras y obvias enseñanzas de la Palabra de Dios. Desde luego, algunos considerarán que esto es una restricción injustificada a su libertad intelectual, y un piedra de tropiezo en su camino, a medida que buscan «seguir la verdad, lleve adonde lleve». Pero los que permitan que sea la Escritura su guía en estos asuntos experimentarán unos resultados exactamente opuestos, pues el omnisciente y verdadero Salvador nos ha prometido: «Si vosotros permaneciereis en mi palabra, seréis verdaderamente mis discípulos; y conoceréis la verdad, y la verdad os hará libres» (Juan 8:31-32).

Documentación

1. Richard K. CURTIS, «Language and Theology», *Gordon Review* (sept., 1955; dic., 1956; feb., 1957); Eugene A. NIDA, «Language, Culture and Theology», *Gordon Review* (dic., 1957), pp. 160-161.

2. Edward J. CARNELL, *The Case for the Orthodox Theology* (Philadelphia: The Westminster Press, 1959), p. 111; Everett F. HARRISON, «The Phenomena of Scripture», cap. 15 en *Revelation and the Bible*, editado por Carl F. H. Henry (Grand Rapids: Baker Book House, 1958), p. 249.

3. John H. KROMMINGA, «How Shall We Understand Infability?», Acts of Synod, 1959, of the Christian Reformed Church, pp. 570 y ss.; George STOB, «Infability», una conferencia referenciada por Joseph HILL *en Torch and Trumpet* (enero, 1960), p. 6.

4. *Loc. cit.*

5. Bernard RAMM, en una crítica del libro de J. I. PARKER, *«Fundamentalism» and the Word of God*, en *Eternity* (marzo, 1959), p. 40; y Billy GRAHAM, en una carta al editor, *Eternity* (nov. 1958), pp. 18-19.

6. Para una refutación de la «Teoría lingüística», ver Roger NICOLE, su artículo en *Gordon Review*, dic., 1955 y mayo, 1957. Sobre la «Teoría de fuentes no inspiradas», ver Josep A. HILL, «The Bible and Non-Inspired Sources», y J. BARTON PAYNE, «Hermeneutics as a Cloak for the Denial of Scripture», *Bulletin of the Evangelical Theological Society* (otoño, 1960, pp. 78-81, 97-98); James O. BUSWELL, Jr., y R. LAIRD HARRIS, «Review of The Case for Orthodox Theology», The Bible Presbyterian Reporter (dic., 1960, pp. 17-18); y Zane C. HODGES, «Conflicts in the Bible Account of the Ammonite-Syrian War», *Bibliotheca Sacra* (julio, 19622, pp. 238 ss.). Sobre la «Teoría de asuntos pe-

rifĕricos», ver Edward J. YOUNG, *Thy Word is Truth* (Grand Rapids: Wm. B. Eerdmans Pub. Co., 1957), pp. 256, 269; y «Report n.º 24: Infallibility and Inspiration in the Light of the Scripture and the Creeds», *Agenda, 1961, of the Christian Reformed Church,* pp. 119-194. En refutación de los puntos de vista de que la naturaleza de la inspiración bíblica debe ser determinada por un estudio inductivo del hecho de la Biblia y de que la inspiración verbal sea tan sólo una teoría humana, ver Theodore ENGELDER, *Scripture Cannot Be Broken* (St. Louis Concordia Pub. Co., 1944); STONEHOUSE and WOOLLEY (eds.), *The Infallible Word* (Gran Rapids: Wm. B. Eerdmans Pub. Co., 1957); y los capítulos 7 y 8 (de Alan M. Stibbs y Pierre Marcel) en *Revelation and the Bible,* editado por Carl F. H. Henry (Grand Rapids: Baker Book House, 1958).

7. Se hallan expresiones de la teoría de la doble revelación en los siguientes artículos y libros: Richard H. BUBE, «Las revelaciones de Dios en la verdadera ciencia y en las Escrituras», *The Collegiate Challenge* (dic., 1961, p. 9); Wilbur L. BULLOCK, «Evolution Versus Creation — In Retrospect and Prospect», *Gordon Review* (verano, 1959, p. 79); John DE VRIES y Donald C. BOARDMAN, *Essentials of Physical Science* (Grand Rapids: Wm. B. Eerdmans Pub. Co., 1958), p. 304; Walter R. HEARN y Richard A. HENDRY, «The Origin of Life», en *Evolution and Christian Thought Today,* editado por Russell L. Mixter (Grand Rapids: Wm. B. Eerdmans Pub. Co., 1959), pp. 67-70; Ulric JELINEK, «A Scientist Contemplates the Universe and Its Creator», *The Collegiate Challenge* (oct.. 1961, p. 14); Edward L. KESSEL, «Let's Look at Facts, Without Bent or Bias», en *The Evidences of God in an Expanding Universe,* editado por John C. Monsma (N. Y.: G. P. Putnam's Sons, 1958), p. 52; J. LAURENCE KULP, «The Christian Concept of Uniformity in the Universe», *His* (mayo, 1952), pp. 15-24; Arthur W. KUSCHKE, Jr., en una crítica del libro de John C. WHITCOMB, Jr., y Henry M. MORRIS, «The Genesis Flood», en el *Westminster Theological Journal* (mayo, 1962), pp. 221-223; Jan LEVER, *Creation and Evolution* (Grand Rapids: Kregel's, 1958), p. 21; Russell L. MIXTER, «Man in Creation», *Christian Life* (oct. 1961, p. 25); Bernard RAMM, *The Cristian View of Science and Scripture* (Grand Rapids: Wm. B. Eerdmans Pub. Co., 1954), p. 104; N. H. RIDDERBOS, *Is There A Conflict Between Genesis 1 and Natural Science?* (Grand Rapids: Wm. B. Eerdmans Pub. Co., 1957), p. 46; George K. SCHWEITZER, «The Origin of the Universe», en *Evolution and Christian Thought Today,* editado por Russell L. Mixter (Grand Rapids: Wm. B. Eerdmans Pub. Co., 1959), pp. 34, 35, 48; Aldert VAN DER ZIEL, *The Natural Sciences and the Christian Message* (Minneapolis: T. S. Denison & Co., 1960), p. 218.

8. Ver John W. KLOTZ, *Genes, Genesis, and Evolution* (St. Louis: Concordia Pub. House, 1955); Paul A. ZIMMERMAN (ed.), *Darwin, Evolution and Creation* (St. Louis: Concordia Pub. House, 1959); John C. WHITCOMB, Jr., y Henri M. MORRIS, *The Genesis Flood* (Nutley, N.J.: Presbyterian & Reformed Pub. Co., 1962); Henry M. MORRIS, *The Twilight of Evolution* (Grand Rapids: Baker Book House, 1963). Entre los biólogos que han abandonado la teoría de la evolución a causa de que fracasa en dar adecuadas explicaciones para los fenómenos con que se enfrenta están N. HERIBERT-NILSSON, *Synthetische Artbildung* (Lund, Suecia: Verlag CWE Gleerup, 1953), una obra de

1.300 páginas en dos volúmenes, en alemán, con un sumario de 100 páginas en inglés, y W. R. THOMPSON, *Introduction to «Charles Darwin: The Origin of Species»*, Everyman's Library, n.º 811 (London: J. M. Dent & Sons Ltd.; y N.Y. E. P. Dutton & Co. Inc., 1958), pp. vii-xxv. Ver también G. A. KERKUT, *Implications of Evolution* (N.Y.: Pergamon Press, 1960).

9. Para un análisis breve y útil de cada teoría principal sobre el origen del sistema solar, ver W. M. SMART, *The Origin of the Earth* (rev. Edit.; Baltimore: Penguin Books Inc., 1959), pp. 179-207.

10. David BERGAMINI, *Life Nature Library: The Universe* (Nueva York: Time Incorporated, 1962), pp. 92-93. Hay edición en castellano, *El universo*, Colección Popular Life.

11. Gerald P. KUIPER, en *Astrophysics, A Topical Symposium*, editado por J. A. Hynek (N.Y.: McGraw Hill, 1951), citado por Paul A. ZIMMERMAN, «Somo Observations on Current Cosmological Theories», *Concordia Theological Monthly* (julio, 1953), p. 499.

12. Fred L. WHIPPLE. *Scientific American* (mayo, 1948), p. 35. Citado por ZIMMERMAN, *loc. cit.*, p. 502.

13. KUIPER, *op. cit.*, citado por ZIMMERMAN, *loc. cit.*, p. 499.

14. ZIMMERMAN, *loc. cit.*, p. 504.

15. *Ibid.*, p. 500.

16. BERGAMINI, *op. cit.*, p. 92.

17. Harold C. UREY, «The Origin of the Earth», *Scientific American* (oct., 1952), p. 56.

18. ZIMMERMAN, *loc. cit.*, p. 504.

19. LAYZER, David: «Cosmogony», *McGraw Hill Encyclopedia of Science and Technology* (N.Y.: McGraw Hill Book Co., 1960), III, 506.

20. BERGAMINI, *op. cit.*, p. 93.

21. *Ibid.*, pp. 93-94.

22. LAYZER, *op. cit.*, p. 508. SMART, *op. cit.*, p. 204, coincidiría con Layzer.

23. BERGAMINI, *op. cit.*, p. 922.

24. LAYZER, *loc. cit.*

25. Isaac ASIMOV, *The Inteligent Man's Guide to Science* (N.Y.: Basic Books, Inc., 1960), I, 78.

26. LAYZER, *loc. cit.*

27. SMART, *op. cit.*, pp. 88-89.

28. ASIMOV, *loc. cit. Cf.* también W. M. SMART, *op. cit.*, pp. 92-93.

29. SMART, *op. cit.*, p. 91.

30. LAYZER, *loc. cit.*

31. *Ibid.*, el énfasis es nuestro.

32. Arthur BEISER, *Life Nature Library*: The Earth (N.Y.: Time Inc., 1962), 14. (Publicado en castellano. La Tierra, colección popular Life).

33. *Ibid.*, p. 15.

34. George GAMOW, *Matter, Earth, and Sky* (Englewood Cliffs, N.J.: Prentice--Hall, Inc., 1958), p. 454.

35. Harold C. UREY, «The Origin of the Earth», *Scientific American* (oct. 1952), p. 55.

36. Fred HOYLE, *Harper's Magazine* (abril, 1951), p. 64. Citado en ZIMMERMAN, *loc. cit.*, p. 506.

37. George GAMOW, «The Evolutionary Universe», *Scientific American* (sept., 1956), pp. 1366 y ss.

38. William FOWLER, «The Origin of the Elements», *Scientific American* (sept., 1956), p. 8 .

39. *Loc. cit.*, pp. 87-88.

40. *Loc. cit.*, p. 91. *Cf.* GAMOW, *Matter, Earth, and Sky*, pp. 555-558. Gamow había antes denunciado este punto de vista como comparable a «la petición de un ama de casa sin experiencia que desease tres hornos eléctricos para cocinar una comida: uno para el pavo, otro para las patatas, y otro para la tarta. Tal suposición de condiciones heterogéneas de cocción, ajustadas para proporcionar las cantidades correctas de elementos ligeros, medios y pesados, destruiría por completo la sencilla imagen de producción de átomos al introducir un complicado sistema de "instalaciones de cocción" especialmente diseñadas.» *The Creation of the Universe* (Mentor Books. N.Y.: The New American Library, 1960; escrito en 1952), pp. 56-57.

41. Fred HOYLE, *Harper's Magazine* (feb., 1951), p. 68. El énfasis es nuestro. Citado por ZIMMERMAN, *loc. cit.*, pp. 510-511.

42. Citado por Rudolf THIEL, *And There Was Light* (N.Y.: Alfred A. Knopf, 1957), p. 390.

43. Kirtley Mather of Harvard University, in a review of Fred HOYLE, *The Nature of the Universe*, en *American Scientist* (julio, 1951), p. 481. Citado por ZIMMERMAN, *loc. cit.*, p. 510.

44. ZIMMERMAN, *loc. cit.*, pp. 512-513.

45. *Christian Life* (marzo, 1955), pp. 16-17.

46. Bernard RAMM, *The Christian View of Science and Scripture* (Grand Rapids: Wm. B. Eerdmans Pub. Co., 1954), p. 128. El artículo de *Christian Lige* (p. 16) se refiere al acto creativo original como «espontáneo», pero apela a la teoría de Gamow para explicarlo. Esto es bastante contradictorio.

47. George GAMOW, «The Evolutionary Universe», *Scientific American* (sept., 1956), p. 154. El énfasis es nuestro.

48. J. LAURENCE KULP, «The Christian Concept of Uniformity in the Universe», *His Magazine* (mayo, 1952), p. 24. Se puede juzgar lo lejos que ha llegado Kulp en su camino al actualismo total por otra afirmación en este artículo: «Los milagros no deberían ser descritos como actos por los cuales Dios quebranta sus leyes, sino por actos mediante los cuales El sobrepone leyes más altas a fin de llevar a cabo sus propósitos. Son "más altas" sólo en el sentido de que no se le ha permitido al hombre descubrirlas aún. *Así, pues, los milagros ocurren producidos por causas definidas y el efecto debería ser reproducible*» (p. 16. Enfasis nuestro).

49. *Loc. cit.*, p. 24. Enfasis nuestro.

50. *Loc. cit.*, p. 16.

51. Ver J. C. WHITCOMB, Jr., y Henry M. MORRIS, *The Genesis Flood* (Nutley, N.J.: Presbyterian & Reformed Pub. Co., 1962).

52. *Cf.* Exodus 20:11. Ver John W. KLOTZ, *Genes, Genesis, and Evolution* (St. Louis: Concordia Publishing House, 1955), pp. 86-116; Raymond F. SURBURG, «In the Beginning God Created», capítulo 2 en *Darwin, Evolution and Creation,* editado por Paul A. Zimmerman (St. Louis: Concordia Pub. House, 1959), pp. 37-80; y WHITCOMB y MORRIS, *op. cit.*, pp. 232-39. 344fl

53. *Cf.* Wilbert H. RUSCH, «Darwinism, Science, and the Bible», capítulo 1 en *Darwin, Evolution, and Creation,* pp. 5-12.

Apéndice

La edad del sistema solar

Harold S. Slusher, Dr. Sc.

Son legión los argumentos que se barajan con respecto a las edades de la Tierra, del Sistema Solar, y del Universo como un todo. A pesar de que la cronología de los eventos geológicos está basada en muchas suposiciones dudosas y en especulaciones que se hallan fuera del dominio de la ciencia,[1] los evolucionistas encuentran vital y absolutamente necesario el tratar de establecer una larga cronología de tiempo.

La mayor parte de los evolucionistas creen que la vida empezó por un proceso casual en un mar poco profundo, y que el mundo, tal como lo podemos observar hoy en día, ha llegado a ser como es a base de una largísima serie de cambios graduales infinitesimales que sucedieron por casualidad, y que se desarrollaron a lo largo de vastos períodos de tiempo. El evolucionismo trata de eliminar los problemas de su hipótesis naturalista sobre los orígenes lanzando como cortina de humo el argumento de inmensos períodos de tiempo de evolución. Así, pues, los inmensos períodos de tiempo son un dogma indispensable dentro del credo evolucionista. Por ejemplo, la apariencia física de las Montañas Franklin en El Paso, Texas, sugiere una deposición rápida de material sedimentario y, poco después, un movimiento de las masas rocosas cuando todavía estaban en un estado no consolidado, o semiplástico. En una ocasión, un geofísico perteneciente a la fe evolucionista reconoció que la apariencia de las rocas sugería que la deposición y la formación de las montañas acaecieron en sucesión rápida, pero se resistió a aceptar esta conclusión como válida, escudándose en unas largas épocas de sucesión de procesos graduales para su origen. Para él, el tiempo resolvía todos los problemas y dificultades que pareciesen crear los postulados actualistas aplicados a los procesos físicos.

También se presenta el factor tiempo como explicación para las discontinuidades que existen en la interpretación evolucionista de los fósiles.[2] Discutiendo este problema con un geólogo de mentalidad evolucionista. le hice observar que los eslabones fósiles continúan faltando, y que con seguridad jamás existieron. El me señaló que los eslabones hubieran podido existir originalmente, y que después de largas épocas de erosión, es imposible hallarlas en la actualidad. Yo le hice observar que si no se hallan los eslabones no se puede conocer que realmente existieran en el pasado.* Al encontrarse con esta dificultad, el evolucionista deposita su fe en los lentos procesos actuando durante largas eras de duración desconocida a fin de poder resolver sus dificultades básicas.

---

* Ver *Creación, evolución y el registro fósil* para una discusión a fondo de este tema (CLIE, Libros Creación y Ciencia, n.º 1, Terrassa, 1979).

Pero existen dificultades fundamentales y muchas limitaciones para adentrarse en el pasado. En la Segunda Ley de la Termodinámica, o ley de la entropía, los físicos tratan de la tendencia continua natural del universo a pasar a estado de mayor desorden (de mayor probabilidad). Es un estudio de los procesos degenerativos. Los intentos de adentrarse en el pasado, en que han dominado, lo mismo que en el presente, los procesos degenerativos, están fraguados de dificultades y de obstáculos insuperables. La entropía del Universo está creciendo, y el caos está reemplazando lentamente al orden. No se pueden estudiar como procesos creativos lo que en realidad son procesos degenerativos. Las reacciones entrópicas de un sistema ya establecido, que se rigen por el Segundo Principio de la Termodinámica, no nos pueden dar ninguna idea de *cómo* fue establecido el antedicho sistema, de la misma manera que el modo de funcionamiento de una máquina acabada no nos puede guiar a conocer los procesos por medio de los cuales fue fabricada aquella máquina.

Uno de mis profesores en la Facultad nos hizo la siguiente observación: «Aunque casi todas las mutaciones son dañinas para el organismo, durante un vasto período de tiempo obtendríamos unas pocas mutaciones beneficiosas, y éstas producirían el ascenso evolutivo del organismo». Pero no tenía en cuenta el efecto de las mutaciones mortíferas en el organismo durante todo el resto del tiempo. Los evolucionistas creen que teniendo suficiente tiempo, lo improbable se transforma en probable.

No obstante, el doctor Harold Blum observa que un aumento de tiempo en un sistema biológico aumenta la probabilidad de que se llegue al equilibrio en la cadena, y *no* aumenta la posibilidad de que se formen productos de reacciones improbables.[3]

El tiempo no puede suministrar lo que el evolucionista necesita, aun si existiese en las cantidades que demanda para sus fines.

No obstante, a pesar del peso de evidencia que existe en contra, todavía son muchos los que imaginan que si la Tierra es lo suficientemente antigua, la evolución —de una u otra manera— es la solución al problema del origen del universo y de la vida en él. Por lo tanto es importante examinar si estas largas épocas son tan ciertas como los evolucionistas afirman.

Se pueden hacer reveladoras investigaciones de varios métodos de geocronología basados en métodos de fechado radiométricos. Algunas de las suposiciones básicas de estos métodos, tales como la existencia del C-14 en la atmósfera en estado de equilibrio, la constancia de las velocidades de desintegración en los cronómetros radiactivos de período largo, etc., parecen ser erróneas.[4] En este artículo me limito a presentar algunos indicadores que implican un origen reciente del Sistema Solar. Al presentarlos, seguiré la lógica de todos los sistemas utilizados para cronometría, que es: la medida de alguna cantidad física (Q) producida en función del tiempo asociado a algún acontecimiento, la determinación de la velocidad (R) a la que se produce esta cantidad y, consecuentemente, la determinación del tiempo (T) involucrado en la producción de esta cantidad. Así sabemos la fecha de origen del proceso que estamos estudiando:

$$T = \frac{Q}{R}$$

Influjo de polvo cósmico

El primero de estos indicadores tiene relación con el influjo de polvo meteórico en la Tierra, proviniente del espacio interplanetario, que cae en la superficie terrestre y, seguidamente, a los océanos. Este material recibe el nombre de «micrometeórico», ya que las partículas son muy pequeñas, poseyendo tan sólo unas diezmilésimas de centímetro de diámetro. Estas partículas se mueven con tal lentitud que no se queman al entrar en la atmósfera, y se depositan gradualmente sobre la superficie de la tierra.

Este material se puede identificar en un análisis de trazas, a fin de determinar cuál es de origen extraterrestre. En estas determinaciones solamente se utiliza el material meteórico magnético, ya que la materia meteórica rocosa no se puede distinguir claramente de la materia terrestre.

Consecuentemente, las estimaciones del influjo de polvo cósmico por medio de métodos químicos queda bastante por debajo del real, ya que se considera que los meteoritos rocosos son más numerosos que los magnéticos. Otro medio es el estudio de los impactos de micrometeoritos sobre satélites artificiales, por medio de lo cual se puede calcular el número de partículas, la distribución de tamaños, y la masa de ellas. Este sistema es más fiable que el sistema de análisis de trazas.

Las estimaciones del influjo de níquel de origen meteórico varían considerablemente dependiendo de los investigadores. El geofísico sueco Petterson estima que son unas 14.300.000 toneladas de polvo meteórico las que se depositan cada año sobre la superficie terrestre.[5] En los cinco mil millones de años que los evolucionistas atribuyen a la Tierra se hubiera formado, en ausencia de acciones geológicas tales como la erosión, etc., una capa de unos 18 metros de espesor sobre toda la superficie terrestre, incluyendo la parte ocupada por los océanos. Ya que los agentes de erosión están actuando continuamente, deberían haber inmensas cantidades de níquel (que es uno de los principales componentes de los meteoritos) en el océano, bien por caída directa, bien por el transporte desde tierra debido a lluvias, ríos, etc.

Pero el níquel es un elemento raro en las rocas terrestres, y está prácticamente ausente de los océanos y de sus sedimentos. Ello parece indicar una edad muy joven para los océanos. Midiendo la cantidad de níquel existente en el océano y en sus sedimentos, y utilizando la velocidad a la que el níquel está siendo transportado al agua proviniente de material meteórico, el tiempo de acumulación resultante resulta haber sido solamente de unos miles de años, y no de miles de millones.[6]

En las muestras extraídas de sedimentos obtenidos del fondo oceánico se comprueba una ausencia prácticamente total de glóbulos cósmicos (polvo cósmico que ha obtenido esta forma en su viaje a través de la atmósfera) provinientes del espacio interplanetario, pero hay bastante abundancia de productos de ablación (material producido por la destrución de un meteorito al atravesar la atmósfera).

Los informes del primer alunizaje revelan que la acumulación de polvo en la superficie lunar en las cercanías del punto de contacto era muy pequeña (poco más de 4 mm).[7] Los siguientes alunizajes se efectuaron en «mares» que tenían mayores acumulaciones de polvo, pero aun así, había muy poco grosor. La Luna se mueve en la misma región del espacio que la Tierra, y consecuentemente, debería obtener el mismo influjo de polvo cósmico que la Tierra. A los astrónomos les había preocupado la posibilidad de que una nave lunar pudiera hundirse en el enorme grosor de polvo que ellos suponían se debería hallar en la superficie de la Luna en los supuestos 4,5 mil millones de años transcurridos.

Asimismo, los «mares» donde las naves alunizaron

hubieran debido ser los lugares de la Luna con mayor acumulación de polvo, y en ellos su acumulación es asombrosamente pequeña. ¿Qué le ha podido suceder a todo el polvo que falta?

Aunque se necesitan más cálculos para efectuar un estudio cuantitativo de la edad de la Luna, podemos deducir una edad muy joven en base de que el período de acumulación ha sido muy corto. Si la Tierra tiene la misma edad que la Luna (como las Escrituras afirman, y la mayor parte de los astrónomos creen), entonces la Tierra también tiene que ser joven.

El efecto Poynting-Robertson

Un segundo indicador de poca edad (estado de baja entropía) nos lo da el efecto Poynting-Robertson. La radiación solar tiene una influencia muy importante en las órbitas de las partículas pequeñas, que poseen una razón área/masa muy grande. Hay varios puntos importantes a considerar.

Primero, existe una fuerza que actúa tendiendo a apartarlas del Sol, debido a la presión de la radiación. Para partículas con diámetros de unos pocos angstroms (1 Å = 10^{-8} cm = 1/100.000.000 cm.) esta fuerza puede exceder a la gravitatoria, y expulsarlas del Sistema Solar.

Segundo, la radiación solar recibida por una partícula experimenta el efecto Doppler, causándose un incremento de presión de radiación si la partícula se aproxima al Sol y un decrecimiento si se aleja, cambiando así las órbitas elípticas en circulares.

Tercero, el momento angular de una partícula en órbita va siendo progresivamente destruido, ya que recibe radiación solar, la cual tiene tan sólo un momento radial del Sol, y re-irradia esta energía con un momento acelerado correspondiente a su propia traslación alrededor del Sol. Esto produce una fuerza centrípeta en la partícula que le provoca su caída al Sol en un movimiento en espiral. Este fenómeno recibe el nombre de efecto Poynting-Robertson.

Robertson calculó[8] que una partícula de roca (densidad = 2,7) de un centímetro de diámetro colocada a la distancia de la Tierra caería al Sol en el intervalo de 10 millones de años. En el transcurso de 2 mil millones de años, toda masa de roca de menos de 2 metros de diámetro colocada en el rango de la órbita terrestre caería al Sol. Este proceso de «barrido» limpiaría el espacio de objetos menores de 7,5 cm. de diámetro hasta la órbita de Júpiter, y todo objeto de menos de 2,5 mm. de diámetro hasta la órbita de Neptuno. Pero, a pesar de esto, ¡se sabe que existen cantidades significativas de materia meteórica en órbita! Existe una espesa nube de partículas agrupadas alrededor del Sol que reflejan la luz del Sol, llamada luz zodiacal. La cantidad de materia que allí existe ¡es inmensa!

Cálculo de la edad de los cometas

En el curso del recorrido de los cometas por su órbita alrededor del Sol, éstos sufren un continuo proceso de desintegración a causa de los efectos de su radiación y de los efectos gravitatorios tanto del Sol como de los planetas. El estudio de este fenómeno nos da el tercer indicador de la juventud del Sistema Solar.

Se ha observado que los cometas disminuyen en tamaño y aun que se destruyen. Los restos del cometa quedan a lo largo de su órbita, originando lluvias de meteoritos. A los cometas se les coloca generalmente en dos clasificaciones: de período corto y de período largo. La mayoría de astrónomos creen que los cometas y los planetas tuvieron su origen en la misma época. Si esto es así, y si podemos estimar la edad de los cometas, podremos determinar la edad de los planetas.

Un astrónomo alemán, Swinne, estima que la vida máxima de un planeta de período corto es de 25.000 años. Lyttleton estima que ningún cometa de período corto puede sobrevivir más de aproximadmente diez mil años.[9] Considerando los efectos «dinámicos» de los planetas al provocar que los cometas de período largo sean expulsados del Sistema Solar, Lyttleton estima que tan solamente uno en 10.000 podría quedar en él al cabo de 4,5 mil millones de años. En esta estimación, Lyttleton no tiene en cuenta la fractura del cometa, que aún reduciría más su estimación.

El resultado que ha arrojado el cálculo de la vida de los cometas, a saber, una vida muy corta, ha llevado a intentar establecer numerosas hipótesis a fin de librarse de la deducción más evidente: que el Sistema Solar es muy reciente. Estos intentos de explicación incluyen toda una serie de sugerencias, desde la expulsión de cometas por acción volcánica desde Júpiter hasta la de que los cometas provengan de la galaxia exterior al Sistema Solar. Algunos astrónomos han sugerido la existencia de un almacén «congelador» de cometas a unos 2.325.000.000 km. de distancia del Sol, que suministra continuamente cometas al Sistema Solar. Es innecesario decir que es imposible detectar este supuesto almacén de cometas por ningún medio.

Estas y otras son las muchas hipótesis que se han erigido a fin de esquivar la noción de un Sistema Solar reciente, pero aun así, no hay evidencia verdadera que apoye a ninguna de estas falsamente denominadas ideas científicas. Si la edad del Sistema Solar hubiera resultado larga por este método ¡seguro que los evolucionistas no hubieran puesto ningún inconveniente! Lyttleton comenta:

> «En la edad total de este sistema, un cometa con un período promedio de 100.000 años recorrería $4{,}5 \times 10^4$ veces su órbita alrededor del Sol, efectuando una aproximación cada una de estas veces. Si en cada una de estas aproximaciones perdiera tan sólo un 1/100 de su masa a causa de formación de cola y de producción de corriente de meteoritos, la masa inicial debería ser 10^{19} veces su masa actual —lo que significa como mínimo una masa varias veces mayor que la del Sol.» [10]

¡Es increíble a los extremos a los que se puede llegar cuando se quiere adoptar una explicación naturalista-antisobrenaturalista de los orígenes![11]

Otros indicadores de juventud

Existen otros indicadores para una corta edad de sistemas en general, tales como la destrucción de los brazos espirales de las galaxias debido a rotación diferencial. Las estrellas y el gas en una galaxia giran en órbitas Keplerianas, en las cuales la velocidad decrece desde el centro hasta el exterior de la galaxia. Esto provoca un enrollamiento de los brazos de la espiral en un tiempo relativamente corto. Algunos creen que campos magnéticos mantienen la coherencia de los brazos. No obstante, la fuerza de campo parece ser bastante pequeña, no lo suficientemente intensa como para mantener los brazos galácticos. Asimismo también existe una rápida dispersión de los cúmulos de estrellas que toman tan sólo unos pocos miles de años en muchos casos. El contenido de helio en la atmósfera es otro interesante signo que indica una corta edad para la Tierra. El contenido en helio en la atmósfera es otro interesante signo que indica una corta edad para la Tierra. El contenido de helio en la atmósfera, su velocidad de exudación de la litosfera, y otras consideraciones, indican una edad máxima para la atmósfera de alrededor de 10.000 a 100.000 años.[12]

Estos son unos pocos indicadores que nos señalan un origen reciente de la Tierra y del Sistema Solar. Ya se ha efectuado mucha investigación, y excelente, por el Dr. Melvin A. Cook[13] referentes a los «relojes radioactivos». Su obra indica que estos relojes, también, dan en realidad edades muy cortas para los sucesos geológicos cuando se consideran todos los factores externos.

Notas y referencias

1. Ver *Las dataciones radiométricas: Crítica*, por Harold S. SLUSHER, Creación y Ciencia, n.º 3, CLIE, Terrassa (Barcelona), 1980.

2. Ver *Creación, evolución y el registro fósil*, por Duane T. GISH y cols., Creación y Ciencia, n.º 1, CLIE, Terrassa (Barcelona), 1979.

3. BLUM, Harold F., 1955, *Time's Arrow and Evolution*, segunda edición, Princeton University Press, Princeton, New Jersey.

4. SLUSHER, Harold S., ver referencia 1.

5. PETTERSON, H., 1960, «Cosmic Spherules and Meteoric Dust», *Scientific American*, 202:132, feb. 1960.

6. 9.000 años es el resultado que da el cálculo (*Scientific Creationism*, Public School Edition, CLP; San Diego-California, 1974).

7. *El Paso Herald Post*, 21 julio de 1969 (ver «La Vanguardia» u otras publicaciones de aquella semana).

8. ROBERTSON, H. P., 1937, «Dynamical Effects of Radiation in the Solar System», *N.R.A.S.*, abril, 1937.

9. LYTTLETON, R. A., 1968, *Mysteries of the Solar System*. Clarendon Press, Oxford, England, p. 110.

10. *Ibid.*, p. 147.

11. Un obrero cristiano del siglo pasado escribe así: «Es asombroso el trabajo que se toman los hombres a fin de excluir a Dios. Felices son aquellos a quienes en Su gracia El se ha dado a conocer, con lo que las pruebas que El da de Sí mismo son inteligibles y concluyentes. Pero el hombre alejado de El no es solamente malvado, sino además ridículo... Estoy asombrado de la ignorancia que existe en la erudición.» (John N. DARBY, *Letters* (vol. 1, 1851).

12. COOK, Melvin A., 1966: *Prehistory and Earth Models*. Max Parrish and Co., Ltd., London, p. 14.

13. *Ibid.* El Dr. Melvin A. COOK ha sido profesor en la Universidad de Utah. Es director de una compañía de explosivos. Ha escrito además varias obras relacionadas con este tema.

COLECCION CREACION Y CIENCIA

1—CREACION, EVOLUCION Y EL REGISTRO FOSIL, por **Duane T. Gish,** Ph.D.; **Henry M. Morris,** Ph.D.; **Bolton Davidheiser,** Ph.D.; **David Rodabaugh,** Ph.D.; **S. Escuain.**

Con sus discontinuidades sistemáticas y regulares separando los grupos de vida fosilizada del pasado de una manera tajante, el registro fósil suministra una evidencia clara de la creación específica de la vida, y de una ausencia total de transmutación de unos grupos a otros por evolución.

2—GEOLOGIA: ¿ACTUALISMO O DILUVIALISMO?, por **Henry M. Morris,** Ph.D., y **George Grinnell,** historiador, Profesor de Historia en la Universidad McMaster en Ontario.

Esta monografía consta de tres secciones. En la primera se hace un estudio histórico, documentado, del verdadero origen del moderno pensamiento geológico y de sus implicaciones. Se señala que el rechazo del Diluvialismo anterior a Lyell no fue debido a la emergencia de nuevos datos, sino a la supresión selectiva de parte de ellos, y a la reinterpretación de otros según un gradualismo filosófico apriorístico. El gradualismo geológico no constituye una conclusión científica, sino una premisa filosófica. Las otras dos secciones tratan el tema desde el punto de vista factual, y establecen al Diluvialismo como consistente con los hechos, y como superior al Actualismo. Esta monografía expone también la interpretación Diluvialista consiguiente de los depósitos fosilíferos, que constituye la clave de muchas características que evaden cualquier otra interpretación.

3 **CRITICA DE LAS DATACIONES RADIOMETRICAS,** por **Harold S. Slusher,** Geofísico, D.Sc., y Prof. **Robert L. Whitelaw.**

Consta de dos secciones. La primera constituye un excelente análisis de las bases apriorísticas, de los métodos, y de las conclusiones de los "fechados" radiactivos. ¿Tiene la Tierra realmente cinco mil millones de años? A la luz de este análisis, la respuesta es que estos métodos no permiten llegar a semejante conclusión. La segunda sección constituye un análisis global de las dataciones radiocarbónicas, teoría y práctica, efectuadas desde que en 1959 Willard F. Libby empezó a utilizar este método. El resultado es una asombrosa confirmación del registro bíblico, como lo revelará la atenta lectura de esta sección.

4—**ORIGEN Y DESTINO DEL CAMPO MAGNETICO DE LA TIERRA,** por **Thomas G. Barnes,** D.Sc., profesor de Física en la Universidad de Texas en El Paso.

Confirma decididamente los resultados establecidos en las monografías anteriores. Hará meditar profundamente a muchos en esta época en la que se ha visto la ridiculización sistemática del Obispo Usher por su cálculo de la edad

pone un límite máximo a la edad de ésta —muy
rísticas del campo magnético de la Tierra im-
del mundo en base de los datos bíblicos. El
estudio riguroso de las propiedades y caracte-
reciente.

5—TEORIAS SOBRE EL ORIGEN DE LA VIDA: CRITICA, por **Duane T. Gish,** Ph.D., bioquímico.

Se han realizado grandes hazañas en el campo de la bioquímica. Pero debe hacerse una cuidadosa distinción entre las hazañas efectuadas por los científicos en el campo de la investigación bioquímica (y la aplicación de estos conocimientos en la obtención de intrincados productos bioquímicos en laboratorios, mediante la aplicación de complicadas técnicas en condiciones extremas de control), y un pretendido origen evolucionista de la vida a partir de la síntesis de sustancias químicas en la tierra primitiva. Las condiciones de la tierra primitiva, fueran las que fueran, jamás hubieran podido ser el marco del origen de la vida por medios mecanicistas.

6—LA TERMODINAMICA FRENTE AL EVOLUCIONISMO, por **R. G. Elmendorf** y otros.

La Termodinámica muestra, con todo rigor, que el evolucionismo está desfondado, que es **anticientífico.** Los cuatro apéndices de la obra apoyan sobradamente al cuerpo principal de argumentación, constituyendo los dos últimos una incisiva crítica de las fantasías de Ilya Prigogine con respecto a sus vanos intentos de justificar termodinámicamente el evolucionismo.

7—EL ORIGEN DEL SISTEMA SOLAR, por **John C. Whitcomb, Jr.,** Th.D.

Excelente análisis de las diferentes y mutuamente exclusivas teorías naturalistas sobre el origen del Sistema Solar, exponiendo las múltiples contradicciones en que se hallan sumidas, y documentando la invalidez de todas ellas. Estudia, además, la posición epistemológica de la teoría de la "doble revalación" y del racionalismo subyacente en ella. Con un apéndice sobre "la edad del Sistema Solar", por el geofísico Dr. Harold S. Slusher.

8—LOS OVNIS Y LA NUEVA MENTALIDAD, por varios autores.

Los OVNIS son entes reales, pero ¿QUE ENTES? En este estudio se documenta la verdadera naturaleza de estos **entes,** y sus propósitos. El primer capítulo consiste en un estudio crítico del desarrollo del género literario (y de **mass-media)** denominado "ciencia-ficción" en la faceta de orientación de la mentalidad de las masas. El segundo capítulo trata propiamente de los OVNIS y de las características que exhiben, por las cuales es posible determinar su verdadera naturaleza y propósito. Hay también unos apéndices examinando críticamente —desde la concepción bíblica del mundo— la obra de la Dra. Kubler-Ross y del Dr. Raymond Moody sobre la existencia más allá de la muerte y las características de dicha existencia.